大展好書　好書大展
品嘗好書　冠群可期

酒
自己動手釀

柯素娥／編著

家庭／生活
85

目錄

第三章　葡萄酒的延伸

第四章 啤酒

第五章 日本酒

序章　開始造酒之前

酒的起源及其機能

在地球各角落，每天都有人為幸福乾一杯，或為痛苦喝一杯。酒，究竟是何物？現在就酒的誕生，及其讓人暈陶陶的機能，加以分析。

●酒的起源

酒，是在什麼時候，由誰製造的呢？

關於這個問題，衆說紛云。

有人說，在有人類以前，就有花木，所以，理所當然的，酒是自然現象之一。

有人說，酒是「人類製造的飲料」，所以，嚴格地說，它只是自然發酵的酒精罷了。

因此，「酒究竟是何物」？其定義因各人看法不同而異。

對愛喝酒的人來說，那種說法都一樣。總之，他們感謝有如此美妙的東西在這世上。

至於，是誰最先喝了這種香醇的液體呢？答案也是紛亂不一。

其中之一是——熊。熊最喜歡吃蜂蜜，牠們每天把蜂蜜藏在木穴裡。不久，洞裡散發出一股濃郁香甜的氣味，牠們禁不住的吃掉這甜甜的液體後，便暈暈然的坐在那。後人把熊發現的這種蜂蜜液體，叫做「mead」酒。

另有一說法是——猴子。猴子們似乎知道，把採自野山的果實堆久一點，便會流出美味的液體。每到滿月，牠們群聚一起享用，好像在開宴會哩。

上述是屬於比較富想像力的說法。

此外，也有較具現實性的說法，如下：

比人類更早存在於地球上的恐龍和鳥，或許已知飲用，花和果實因自然的功能，而產生的美味液體吧。

想想看，高六公尺的恐龍，搖搖晃晃的走著，多可愛啊！

●人類最先製造的酒

話說原始時代的人類。

當時，他們使用各種器皿保存果實和水。其主要食物葡萄，被放入器皿後不久，因自然發酵，而變成不可思議的飲料。他們試著喝它……。所幸，他們沒有吐出來，否則，現在的我們，也無法陶醉在這麼多種的酒中了。

由此可知，人類最先製造的酒是——葡萄酒。

●神和酒的關係

關於神和酒的傳說有很多。

聖經裡記載，諾亞自方舟停在阿拉拉特山後，便在那廣植葡萄樹。

希臘神話裡，稱迪奧尼索司（又名帕卡司）為酒神。他不僅改善葡萄的栽培法，更發現了製造葡萄酒的方法。傳說中指出，他曾遠到印度，教導人們栽培葡萄的方法。

在埃及，傳說是農業之神歐利司，教導人們用麥製造啤酒的方法，而啤酒的守護神是阿蒙。

又，酒是供奉神明不可缺少的貴重之物。

印度的吠陀時代，以「索瑪酒」祭拜神明。

在中東亦是用酒祭神。不過，聽說他們在酒中羼水。

日本的收穫祭（新嘗祭）是以白貴、黑貴兩種酒來祭神。

●歐洲酒

十三世紀的歐洲，西班牙的阿爾耐爾朵斯稱「葡萄酒具有讓生命延續之力」，因此，把葡萄酒命為「生命水」。為此，歐洲各國把威士忌、白蘭地等，稱為「生命水」。

起初，這些酒被當成藥酒來賣，十字軍東征後，才添入香辛料和砂糖，製成所謂的利口酒，這種酒在當時的一般家庭，廣為製造。

直到十六世紀末，才開始製造有丁字、康乃馨、大茴香等香

氣的混成酒。而路易十四最喜愛的是，有玫瑰、百合、茉莉等香氣的酒。

●酒的種類

酒常被做為文化的測量儀。世界各國大都製有適合其風土的酒（矮人族和加拿大的愛斯基摩人，則沒有自己製造的酒）。其種類，依製造法可區分三大種類：釀造酒、蒸餾酒、混成酒。

釀造酒是指，把糖化的果實和穀物，加入酵母使其發酵，飲用時，只取其上面澄清部分，或加以過濾。屬於這種種類的酒有：清酒、啤酒、果實酒（葡萄酒、蘋果酒等）、濁酒、紹興酒等。

蒸餾酒是指，釀造酒的發酵液，或過濾後的酒糟，加以蒸餾所得之酒，其酒精含量較高。屬於這種種類的酒有：威士忌、白酒、白蘭地、琴酒、柏帝加、萊姆酒、茅台酒等。

混成酒是指，以釀造酒、蒸餾酒或純酒精為原料，加上香料、果實、花、藥草、糖、色素等，所製成的酒。它是一種色香味俱全的浪漫酒類。屬於此種類的酒是：利口酒類。

酒的效用

只要正確的喝酒，就不會發生「不要喝酒」的情況。

喝酒過量是禁忌。例如：含酒精度百分之二十以上的酒，如果每天喝過量，會破壞胃粘膜，導致胃炎或胃潰瘍。但是，若適量而止，可適度的刺激胃，增進胃液分泌，增加食慾。此外，喝酒可解除壓力，轉換心情，是衆所皆知之事。

酒被做為藥用的有很多。例如：琴酒具有解熱、利尿、健胃之效。

果實和藥草類製成的利口酒，具有滋養、強壯之效。感冒時，在日本盛行喝蛋酒，在法國，則是喝加溫的葡萄酒。

●為何會酒醉？

酒精進入體內，會產生頭暈、活動不靈敏，即陶醉的狀態。那是因為腦部中樞神經的活動已發生偏差，即名為網樣體賦活系的神經活動遲鈍之故。如果再繼續喝，則壓抑感情的神經會激烈地活動，感情一旦不受壓抑，就會大鬧起來。

●喝酒的時間、地點、場合

想喝就喝固然是最好的方式，但為了讓喝酒變成愉快的事，有些規則需要遵守。

飯前酒，可緩和心情，適度的刺激胃、增加食慾。由於此時胃裡空空，所以適合喝些薄酒。如：葡萄酒或水果酒（蘋果、梨、桃、櫻桃等）。

飯中酒，可提高食物的美味。葡萄酒最適合。若是吃中餐，則應喝老酒。

飯後酒。此時已吃飽，量不宜多。可喝勁強一點的酒。如：白蘭地、柑桂酒或咖啡和可可亞的利口酒。甜點後喝一杯，有助消化。

由製造材料、買材料開始

一年中，最快樂的事，莫過於選擇製酒的材料了。除了季節性水果外，在山野裡、在百貨公司裡的瓶瓶罐罐，乾燥物等等都可利用。想想我們身邊，有這麼多可取的材料，怎能不高興呢？

在本書，介紹了很多法國家庭式的古老造酒法。其中，有一些我們不太淸楚的花草和藥草。不過，大部分可在山野裡採到，或在自家菜園裡種植。

在這，我將告訴各位花草及藥草的取得法。喝著由你爬山時，所採得的果實所製成的酒，或看見栽培在菜園中的花草開花結果，你的心情一定很特別吧。

在自家菜園種藥草，需注意的陽光、土壤和水。香氣因太陽孕育而生，所以，需有充分的陽光（但在仲夏，亦需留意遮陽）。水和肥料過多是禁忌。

不管你是購得，還是自己栽培，釀酒的第一步是，選擇適合季節性的材料。在本書製法所說的收穫是表示收穫時期。不過，這是表示造酒材料的收穫時期，不是表示可飲用的時期，請注意。

能在山野採集到的材料

接骨木	六月左右，直徑三毫米的果實會轉紅成熟。有人把它種在庭院中，在山裡也有野生的。	冬忍科
黑醋栗	高一公尺的灌木，葉子像楓樹，都是野生，沒有栽培。	虎耳草科
菩提樹	多種植在寺廟裡。在初夏開花，高約十公分，樹皮灰白色，被視為神聖之樹。	級木科
樹　莓	在山徑日曬充裕的地方，常可見此小小果實。六月末至七月中，為採集期。	玫瑰科
紅醋栗	除野生外，處處可見被栽培。六至八月左右，直徑一～二公分的果實成熟。	虎耳草科
浜　梨	生於高山岩石地或草少的裸地。夏天結束時結果，秋天採集。	杜鵑科
桑	四～五月開花，七～八月結紫黑色果實。易栽培，在公園、庭園處處可見。	桑科
杜　松	在丘陵或岩山可見其蹤影，秋到冬天，會結八毫米的黑色果實。	扁柏科
野玫瑰	果實在秋天到冬天轉紅成熟。九月～十一月適宜摘取，生長地很廣。	玫瑰科

可在自家菜園栽培的材料

長春花	宜在春天種植，葉子為卵型，會長一～二公分的藤，需充分日照。	夾竹桃科、多年草
迷迭香	四～六月適宜播種，過冬後即可摘葉，最好花一～二年，培育幼苗。	紫蘇科、多年草
山　楂	高約十～三十五公分，葉子以六～八片輪狀伸出。栽培地點宜選陰濕之處。	茜草科多年草
大　黃	宜在四～五月種植。先種在花盆裡，待葉子長成五片時，再移到菜園裡。	蓼科多年草
甘　菊	宜於九～十月種植。適砂質地，水需充裕。草長六十公分，有香味，夏天會開白花。	菊花科、一年草
羅　勒	四月中旬～六月播種，二個月後即可採集，至十月左右，可採取三次。	紫蘇科、一年草
薄　荷	四月～六月播種，先種在盆內，第二年夏天會開花。耐寒怕熱。	紫蘇科、多年草

＊種子在藥草專門店或園藝店可買到，請各位前去挑選。

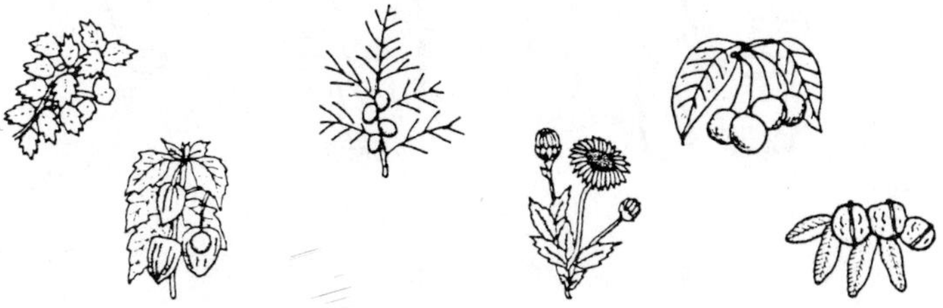

造酒所需的工具

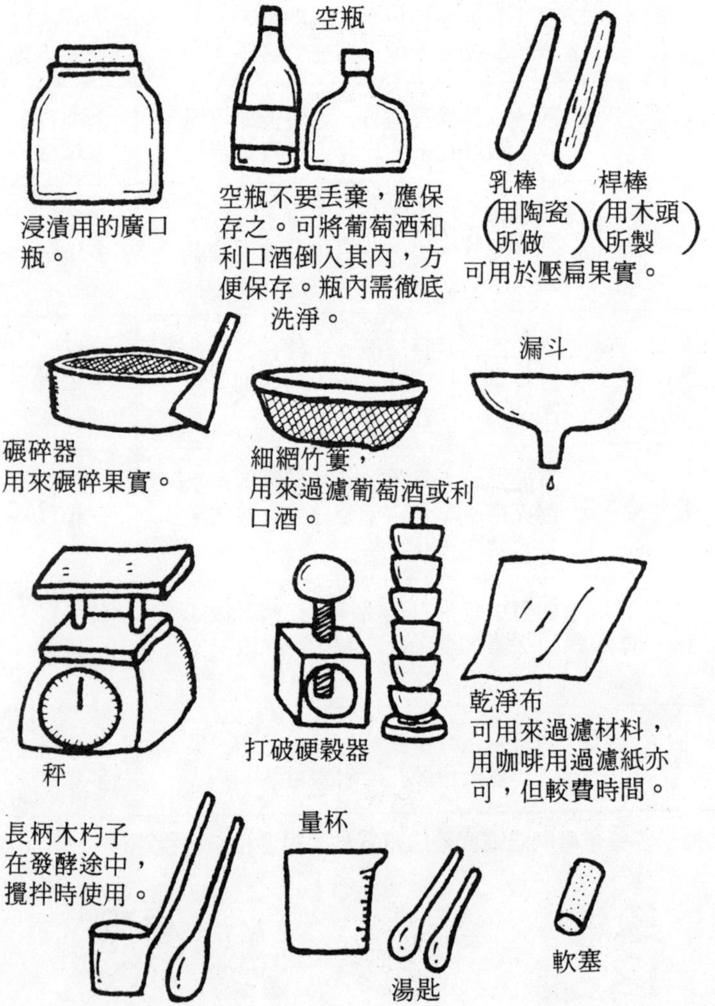
空瓶
浸漬用的廣口瓶。
空瓶不要丟棄，應保存之。可將葡萄酒和利口酒倒入其內，方便保存。瓶內需徹底洗淨。
乳棒（用陶瓷所做）
桿棒（用木頭所製）
可用於壓扁果實。
碾碎器
用來碾碎果實。
細網竹簍，
用來過濾葡萄酒或利口酒。
漏斗
秤
打破硬穀器
乾淨布
可用來過濾材料，用咖啡用過濾紙亦可，但較費時間。
長柄木杓子
在發酵途中，攪拌時使用。
量杯
湯匙
軟塞

木桶或密閉的塑膠桶，用來發酵，
造酒所不可缺之物。

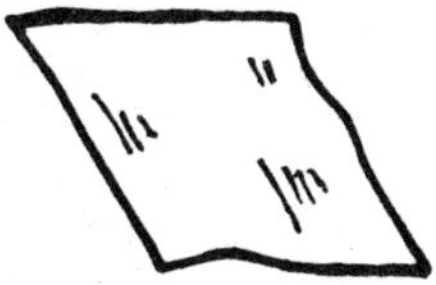

沙布
用於包住乾燥材料，
若製成袋狀，更方便
使用。

香　料

肉荳蔻

香草

丁子、甘草

酒　類

洋梨酒

SPIRIT

利口酒
（櫻桃酒）

SPIRIT

白蘭地

COGNAC

萊姆酒

RUM

第一章 酒

製造自己的酒

葡萄酒是鹼性的健康飲料。喝了它，可提高食物的美味，亦可促進彼此的會話。只要你一開始釀造這令人回味無窮的葡萄酒，保證你不會罷手的。

「沒有葡萄酒的餐桌，宛如沒有太陽的日子」，在法國，有如此的諺語。葡萄酒，已完全溶入我們的生活之中。它是由以太陽為父、大地為母，茁壯成長的葡萄，所製成的美酒。世界各地，都鍾愛這種色、香、味俱全的鹼性健康飲料。

一提及葡萄酒，就令人聯想到法國。艾菲爾塔和葡萄酒，已變成它的代名詞。世界上四分之一的葡萄酒，是由這個國家生產的。其初生嬰兒，第一口喝的不是牛奶，而是葡萄酒。法國人並不認為它是酒，而只是「潤喉的東西」。他們曾挖苦的說：「吃飯喝水的，只有青蛙和美國人」，所以，在法國，沒有葡萄酒的餐桌，簡直是難以想像的事。

據說，葡萄酒的歷史，始於紀元前四千年左右之美索不達米亞地方。而紀元前一千五百年左右的埃及古墓中，繪有製造葡萄酒的壁畫。之後，經由希臘、羅馬、地中海沿岸各國，推廣至全世界。葡萄酒大致可分為四種類型。

〈非發泡性葡萄酒〉：一般所稱的葡萄酒，即屬此類型。顏色有紅、白、玫瑰紅三色。

〈發泡性葡萄酒〉：香檳地方所生產的葡萄酒。而此地所產葡萄酒，通稱為香檳。

〈混合性葡萄酒〉：在發酵中或發酵後的非發泡性葡萄酒中，加入白蘭地。甜紅葡萄酒是此類型的代表。

〈綜合性葡萄酒〉：在非發泡性葡萄酒中，羼入藥草、調味料、果實等物。有名的為「苦艾酒」。

葡萄酒有辛辣、輕辣、略甜、極甜四種口味。依照自已的喜好，選擇飯前酒、飯中酒、飯後酒，不啻是種樂趣。日本的梅酒，和法國百姓所製造的綜合性葡萄酒，都可說是自己釀造的葡萄酒。他們在喜好的葡萄酒中，加入果實、藥草和砂糖，做出自己喜歡的味道來。在一般家庭，亦有簡單的釀造方式，由於材料可自由選擇，因此，每一種葡萄酒，都寄有不同的夢。在此，我將介紹世代相傳的秘方。但先就非泡性葡萄酒的特徵，敍述如下：

〈紅葡萄酒〉由黑、紅葡萄發酵所得之酒。由於連果皮、種子一塊發酵，所以帶有澀味和酸味，味道偏於辛辣，吃肉時喝它，口感頗佳。飲時溫度宜在12℃～18℃（室溫程度）。

〈白葡萄酒〉由紅、黑、白葡萄的果汁發酵而成。沒有酸味和澀味，具有清淡的水果味。適合吃魚貝類時飲用。它有甜、辛辣兩種口味。冰過再喝（7℃～12℃），更具美味。

〈玫瑰紅葡萄酒〉在製造紅葡萄酒過程中，去掉果皮和種子所得之酒。味道近似白葡萄酒。冰到7℃再喝最恰當。其壽命比白、紅葡萄酒短（約一～二年），所以，價格較低廉。

在自家釀製葡萄酒的方法
※所需準備之物

釀造梅酒以廣口瓶為佳
（需事先洗淨，水氣完全瀝乾。）

紅網竹簍較佳，用過濾器亦可，若用濾油紙，較費時間。

竹簍

碗

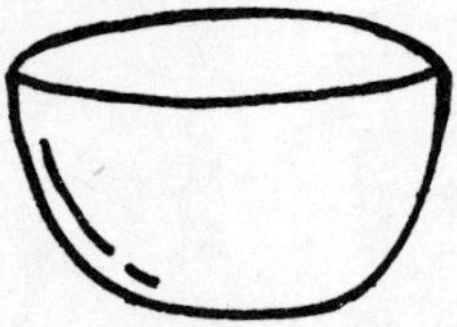

過濾後需用的瓶子。

1公升裝，可完全密封的威士忌空瓶最佳。

開始前應注意事項

●瓶內絕不可有水。
只要一滴水，就能使葡萄酒發霉。

●葡萄具有濃郁的香氣，易招引小蠅子，一旦它在葡萄上產卵，很易導致葡萄腐爛。

●一旦葡萄有腐爛現象，就取也取不盡，全部的葡萄很快就爛光。

●瀝汁時，絕對不要殘有皮，這會使味道失色。

紅葡萄酒釀造法

準備約四、五公斤
的葡萄。

將成串的葡萄
一個個剝下。

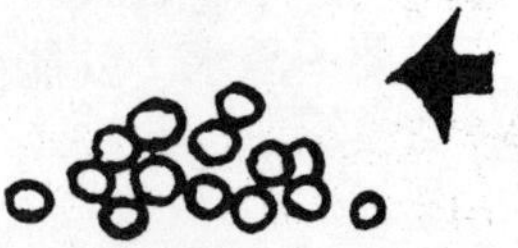

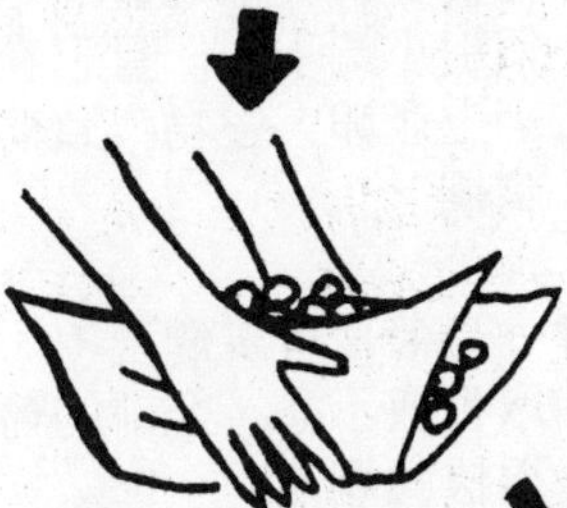

用乾布輕拭。注意，絕對不可
洗之，其表面上的白色粉末，
有助於發酵，所以，不需用力
擦拭，只要將其表面的灰塵擦
去即可。

把葡萄放入廣口
瓶內，用手
輕壓。注意
，不要將種
子壓出，否
則會更苦澀
。

蓋緊瓶蓋後，將瓶子
放置陰涼處。葡萄約
放6、7分滿即可。因
為發酵後，皮會浮上
來，所以不可放太滿
。

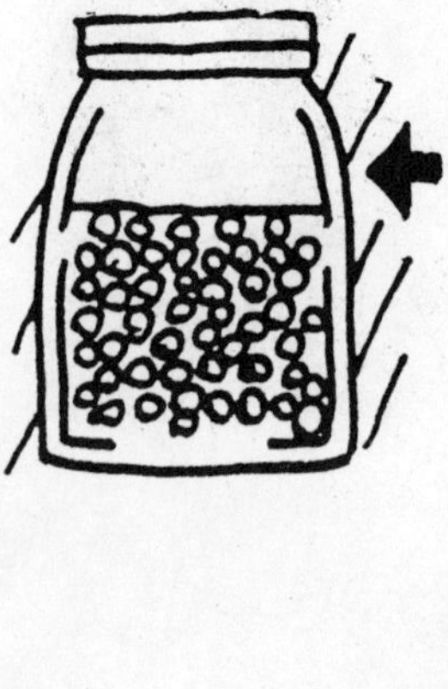

至皮浮上來前，都不要動它（約3～7天），待皮浮上後，一天攪拌一次。

７天後就能完全發酵，用竹簍過濾，把果汁倒入洗淨、全無水氣的細口瓶後，予以密封，放置在陰暗處。注意，皮需去盡，否則會影響酒味。

時時品嚐，至自己喜歡的酒精濃度時，就可倒入空瓶內，放入冰箱，停止再發酵。原本甜的葡萄，經過發酵後，甜度會降低，而酒精度變高。

一般來說，需經三個月或一年的時間，才能製出美味的葡萄酒。若在此之前，就已達到自己所喜歡的味道，也可飲用。

倒入空瓶時，為避免酒糟倒入瓶內，宜用橡皮導管吸取。

白葡萄酒釀造法

WHITE WINE
準備約四、五公斤的葡萄。
將成串的葡萄，一個個剝下。
用乾布輕拭後，去皮。
去除種子。在碾碎器上壓汁出來。

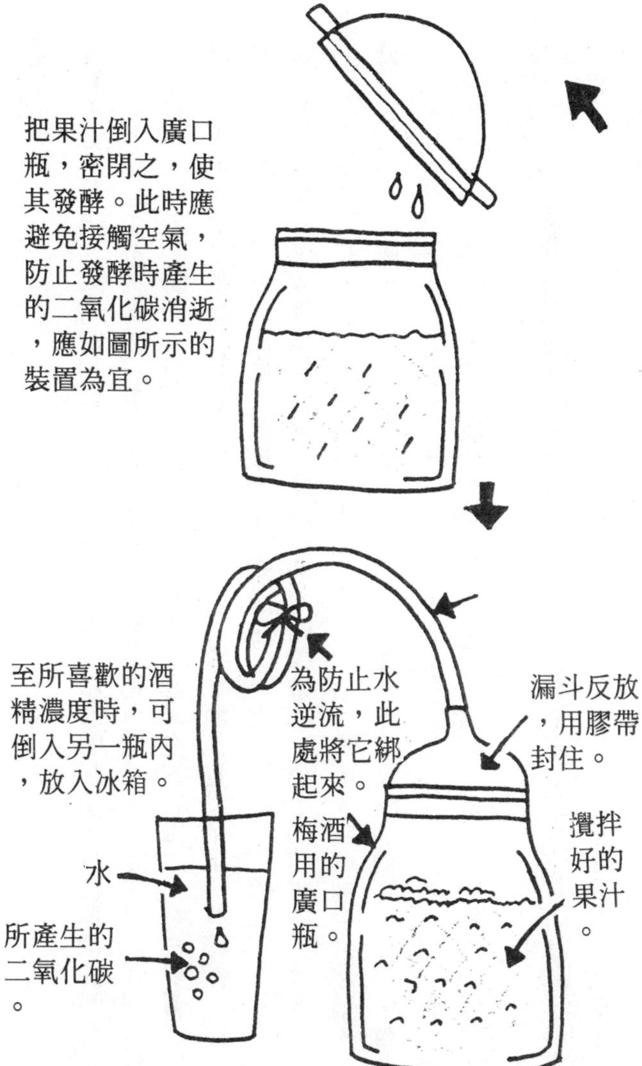
把果汁倒入廣口瓶，密閉之，使其發酵。此時應避免接觸空氣，防止發酵時產生的二氧化碳消逝，應如圖所示的裝置為宜。
至所喜歡的酒精濃度時，可倒入另一瓶內，放入冰箱。
為防止水逆流，此處將它綁起來。
漏斗反放，用膠帶封住。
梅酒用的廣口瓶。
攪拌好的果汁。
水
所產生的二氧化碳。

知識欄1

■有人認為，年代愈久的葡萄酒，品質愈高，這是錯誤的想法。每種葡萄酒都有它一定的壽命。例如：紅葡萄酒可放六～七年，白葡萄酒則可放四～五年，至於玫瑰紅葡萄酒，只有一～二年的壽命。超過其壽命，香味都將減低。在拍賣場上，有一瓶價值好幾百萬的葡萄酒。那種葡萄酒被視為歷史上最高之品質。而其也具備了一些條件，如：在貯藏中從未打開過，置於溫度、亮度一定的環境中。

■在葡萄酒釀造廠放置黑貓雕像。此乃奧地利的故事。在小小的地窖裡，放著一樽木雕的黑貓，它不僅是吉祥物，更具有遏止工廠裡的工人，偷喝美味的葡萄酒之效。

■只要有葡萄酒喝，什麼事都肯幹的是法國人。若是遇到沒有酒器時，該怎麼辦？首先，用毛巾包住瓶子，慢慢轉動瓶子，用棒子輕拍瓶子，軟木塞就會掉出。其大約需費三十分至一小時時間。有時會花更久的時間，想想看，邊講話邊拍打的動作，多優雅呀！

■十六世紀，法國始興盛釀造葡萄酒。原因出於當時的義大利公主，卡德利・梅麗西施，嫁給法國的安利二世時，將國內有名的廚師一併帶了過來。廚師們競爭地釀造，配合其料理的高品質葡萄酒。現今的法國菜和葡萄酒得以相互輝映，就是源於他們的結婚。

第二章　各式葡萄酒

葡萄以外的果實所製成的葡萄酒

一般所指的葡萄酒，是指由葡萄發酵而成的酒。但廣義地說，由果實發酵所製成的酒也叫葡萄酒。有那些植物可製成如此美味的酒呢？

製酒的材料，比比皆是。如：院子裡的花，爬山時摘回的樹果，及餐桌上的水果……等。

在此將介紹，讓無花果、醋栗、蒲公英等的果實和花，自身發酵而成的酒之秘傳。這些都是由法國直傳過來，在自家釀造葡萄酒的方法。

釀造葡萄酒，首重的是味道。

我們所吃的果實或花，可能釀出與其原味差不多的味道，也可能釀出超出想像、不可思議的味道。影響此點的是採摘之時期。成熟或七分熟的果物，所製出的味道絕不相同。

其次是顏色。放在瓶內的酒和原來果實的顏色，有所不同是當然之事。而，不管怎樣，沒有污濁、透明度高的是最佳之品。

接著是香味。每一種酒都具有其獨特的香味，不重量只重香味，是喝酒的最好方法。

一般用來造酒的糖類有：普通白砂糖、精製白砂糖、冰糖、蜂蜜等。

羼用一般的白砂糖，有時在長期保存下，酒的顏色會變黑。若想到最後一滴，都保有美麗的顏色，就不能使用普通白砂糖。

精製白砂糖。其甜味最恰當，很值得推薦使用。與其相較，冰糖甜度較高。如果材料本身已有甜味，不要使用較爲上策。至於蜂蜜，是一種品質優良的糖類，但需防其香味奪走材料的香味。

總而言之，釀好後的甜味本身，沒有太大的差異。本書中，除部分外，只寫砂糖，請自己依材料加以選擇。

花梨酒

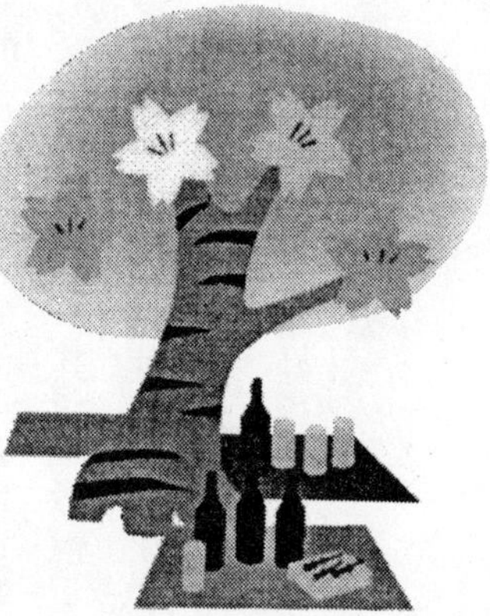

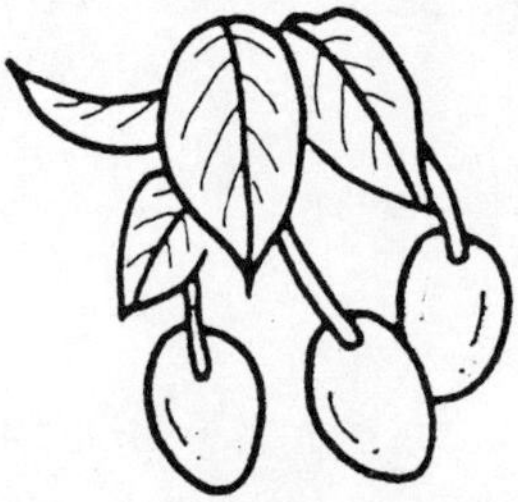

十月左右收穫。

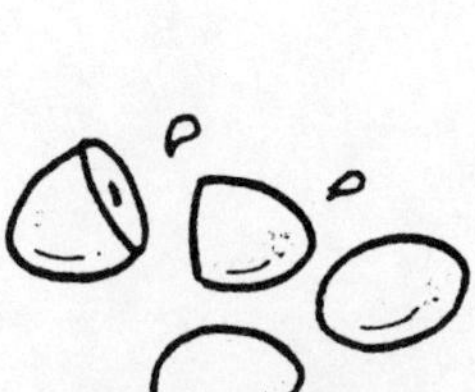

將花梨剝皮後，
切成一半。

取出種子，切厚
約一毫米薄片，
放入廣口瓶中。

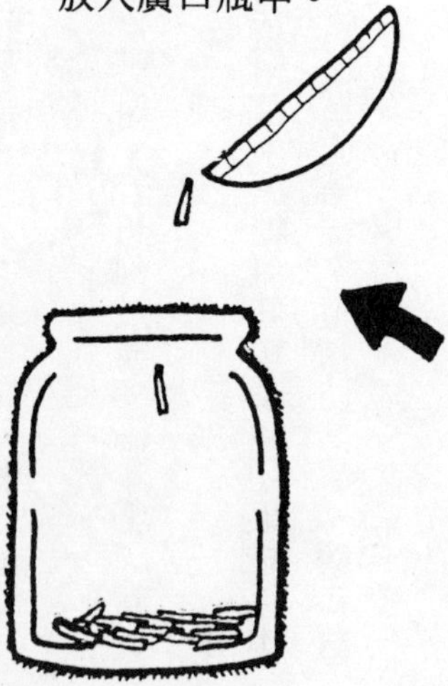

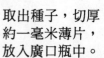

花梨　五～六個
砂糖　花梨的¼量

釀造葡萄酒的第一步，就由做花梨酒開始吧。

在秋天成熟的花梨。最近，在鮮花店或超市裡，都有出售。釀造水果酒，應敏感的掌握季節。而且，應選新鮮沒有受損的水果。

選擇新鮮材料後，用水洗淨。再把水完全瀝乾。若沒用水洗淨，材料易發霉和腐爛。

應放在陰暗處保存。不過，冰箱的溫度過低，材料無法發酵。加水、葡萄酒、利加酒時，需時常搖晃，以便氫氣跑出。

把瓶中的花梨搗碎，加入花梨的¼量的砂糖。

密封廣口瓶，放在陰暗處約一個禮拜至十天。

三個月後就能飲用，但六個月後再喝，風味更佳。

蒲公英酒

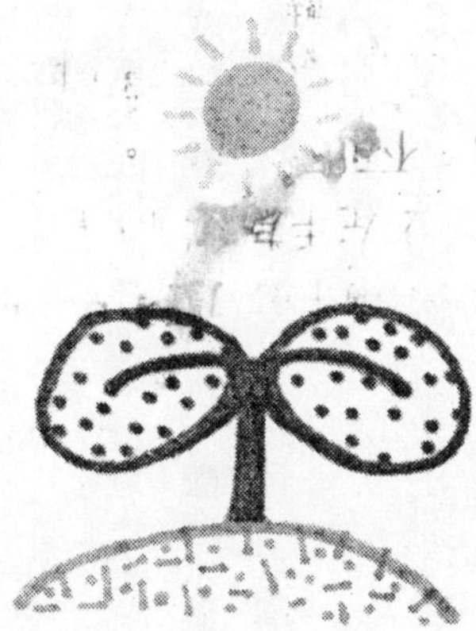

四～五月摘下花朵

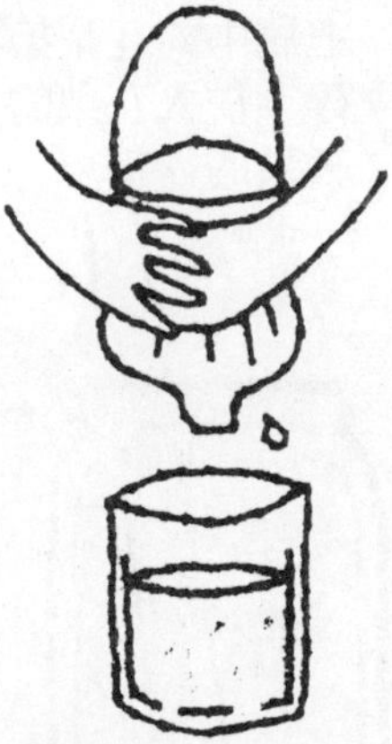

用水把花朵洗淨，浸在十公升的熱水裡，泡一個晚上。

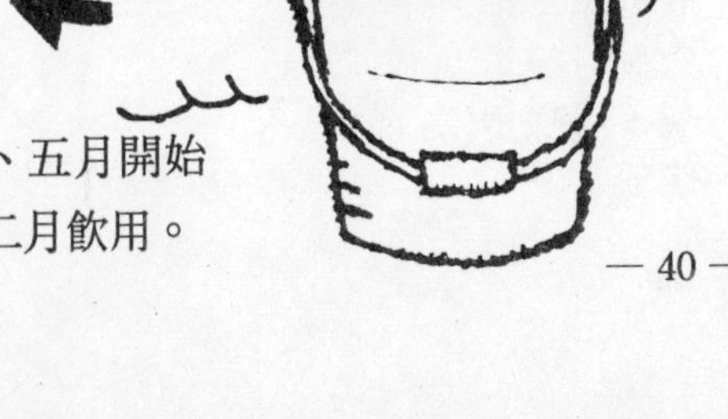

隔天，充分的擠出花汁。

※一般人的習慣，四、五月開始作薄公英酒，到十二月飲用。

剛摘下的蒲公英　約一桶的量
水　十公升
砂糖　二・五～三公斤
檸檬　四個

在四、五月摘下花朵，到了十二月左右，就可以享受到由此花朵所製成的葡萄酒，真棒。

全開的花朵，苦味甚強，開約七分的花朵最適宜。這種花朵易枯萎，所以需馬上用水洗淨，快速處理。

這種酒是住在瓦薩堡的曼哈瑪主教的家傳秘方。

在法國，蒲公英被當做利尿劑使用，所以，又叫做「尿牀花」。

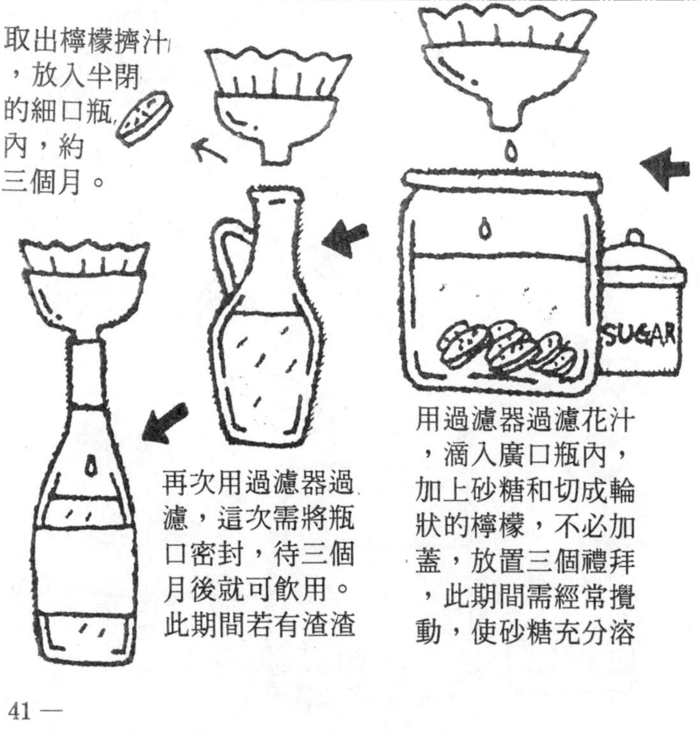
SUGAR
用過濾器過濾花汁
，滴入廣口瓶內，
加上砂糖和切成輪
狀的檸檬，不必加
蓋，放置三個禮拜
，此期間需經常攪
動，使砂糖充分溶
取出檸檬擠汁
，放入半閉
的細口瓶
內，約
三個月。
再次用過濾器過
濾，這次需將瓶
口密封，待三個
月後就可飲用。
此期間若有渣渣

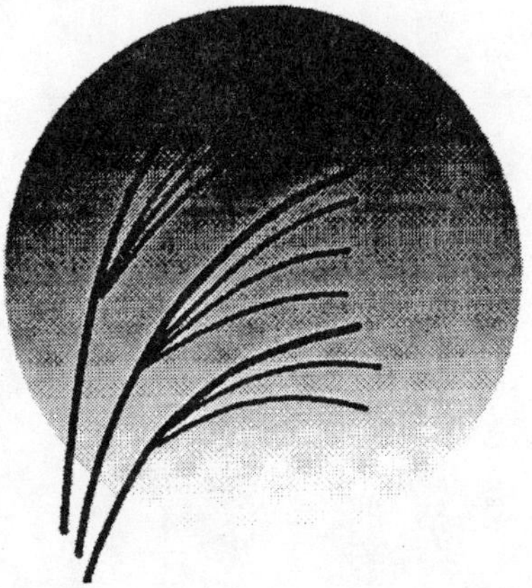

接骨木花酒

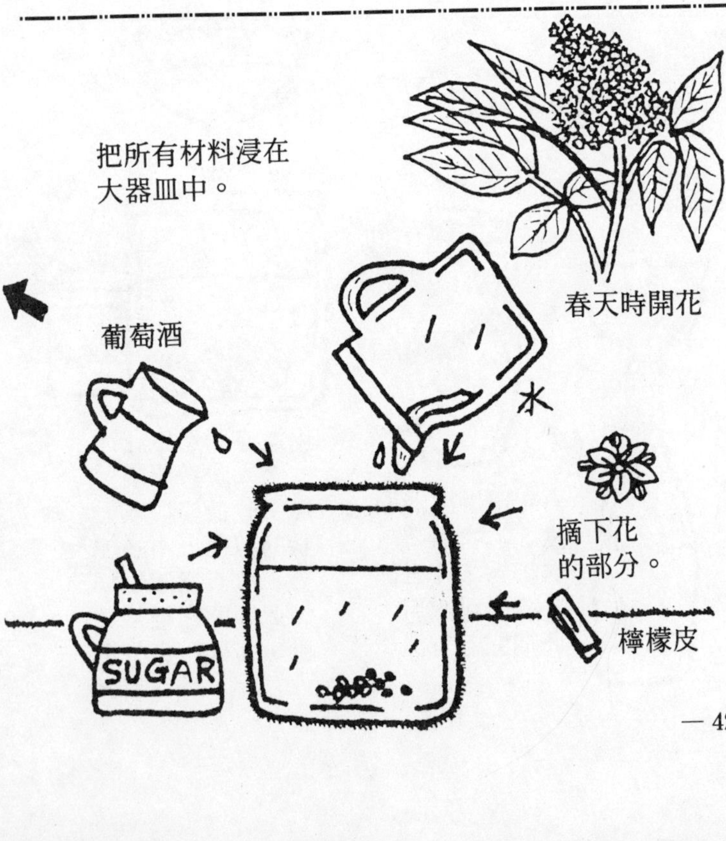
把所有材料浸在
大器皿中。
春天時開花
葡萄酒
水
摘下花
的部分。
SUGAR
檸檬皮

接骨木花　四～五杯
水　五公升
砂糖　五〇〇公克
葡萄酒　一杯
檸檬皮　少許

接骨木是忍冬科的落葉灌木，常被做為藥用。四～六月是採摘期，此時滿樹開著白色小花。

這種樹木，從平地到山地，在濕氣重的沿河地帶群生著，爬山時是採摘它的最好機會。

這種酒略帶酸味，顏色為黃金色。有增進食慾的作用，最適合做飯前酒。英國人很喜愛喝此種酒。

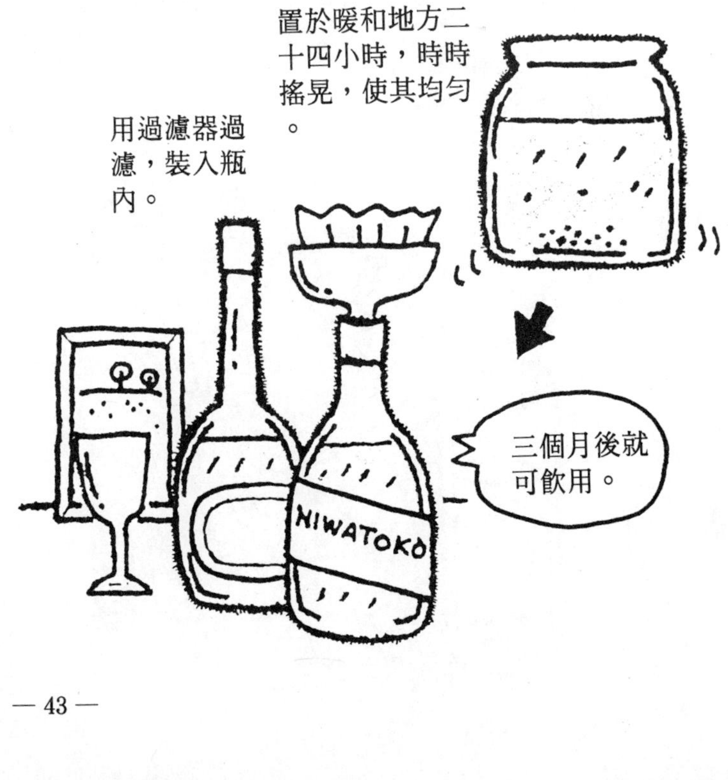
置於暖和地方二十四小時，時時搖晃，使其均勻。
用過濾器過濾，裝入瓶內。
NIWATOKO
三個月後就可飲用。

山楂酒

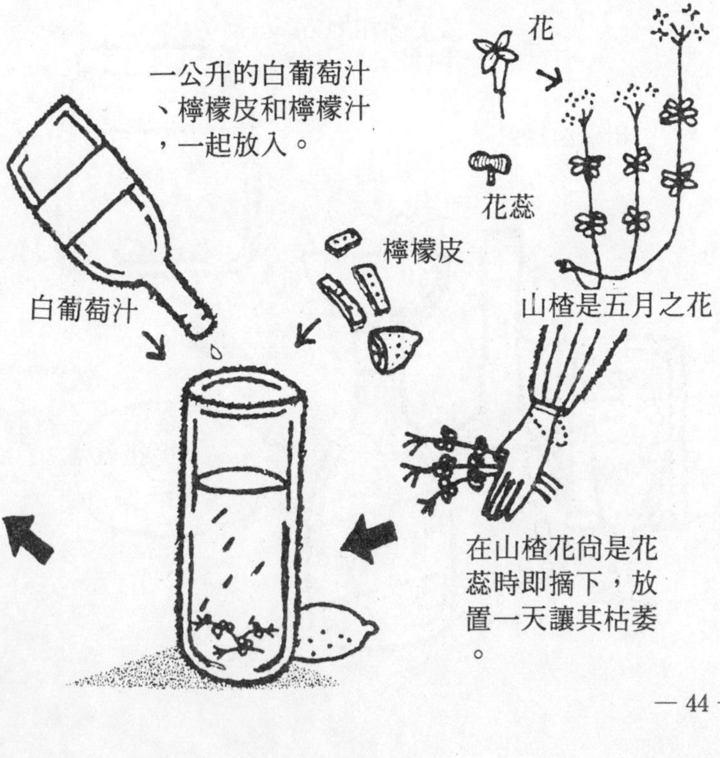

一公升的白葡萄汁、檸檬皮和檸檬汁，一起放入。

在山楂花向是花蕊時即摘下，放置一天讓其枯萎。

山楂　三十枝
砂糖　兩大匙
檸檬皮　少許
檸檬汁　兩大匙
樹莓汁　四大匙
白葡萄汁　一公升
礦泉水　½公升

在晚春盛開小白花的山楂，很是美麗。乾燥的山楂花，會散發出一股濃濃的香氣。歐洲人喝啤酒或葡萄汁時，喜歡加一點它，增加香味。

在德國，把山楂酒叫做五月葡萄酒。

山上可見山楂的蹤影，其也適合在園中栽培。

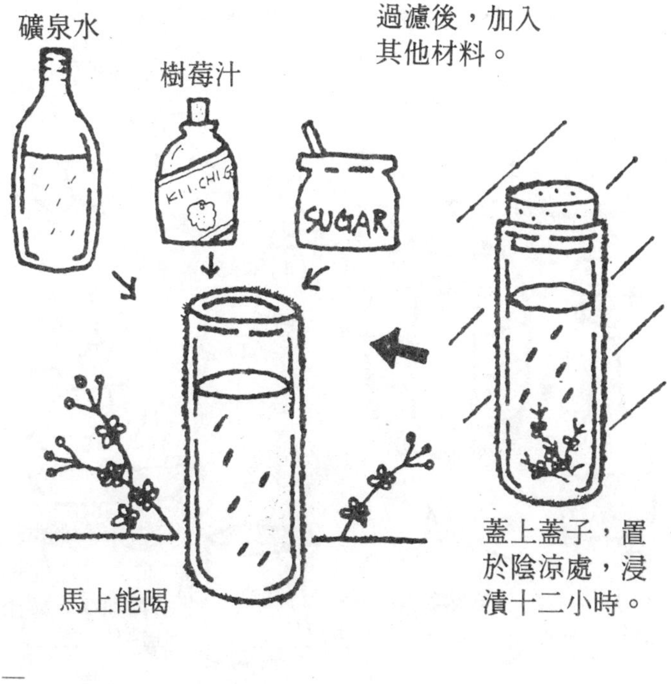

礦泉水
樹莓汁
KIICHIGO
SUGAR
過濾後，加入其他材料。
蓋上蓋子，置於陰涼處，浸漬十二小時。
馬上能喝

櫻桃酒

壓扁櫻桃，裝入密閉的塑膠桶，加入少量的溫水、酵母，及其他的材料。
砂糖
SUGAR
良質的米麴
甘草
肉荳蔻
米酒（可促進發酵）
時時搖動
取出櫻桃的種子，用乳棒搗碎果肉，壓出果汁。

櫻桃　五公斤
精製砂糖　五〇〇公克
米麴
甘草　一片
肉豆蔻　二公克
米酒　一公升（促進發酵）

它是紅寶石色的美味飲料。櫻桃以產於美國紅紫色的為佳。

使用木桶或塑膠桶皆可。

釀成後三個月就可飲用。但六個月後再喝，風味更佳，若裝在玻璃瓶內，可享受視覺之美。

釀酒不一定用米酒，高粱酒亦可，隨個人口味而定。但爲求統一，本書只寫米酒。

一個月後，用過濾器過濾，裝入另一個乾淨的桶內。
三個月後，分裝在瓶子內。
一年就可飲用

紅醋栗酒

水加入砂糖，作成糖漿，放冷。

六～八月收穫

用碾碎器壓擠，讓汁滴入廣口瓶。

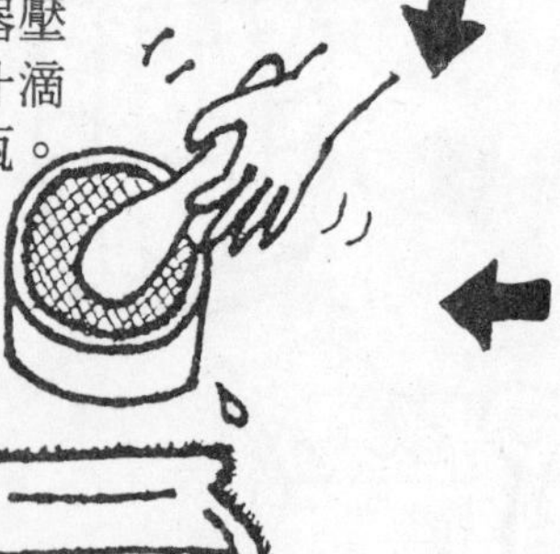

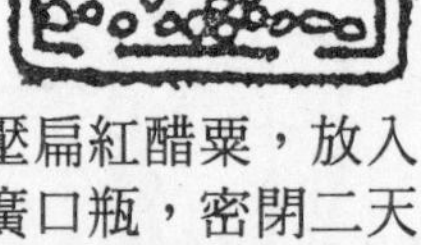

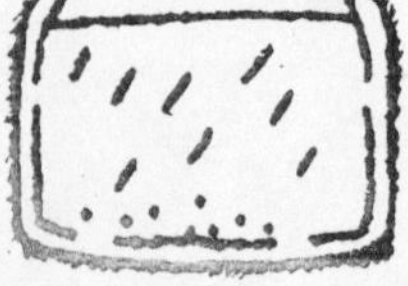

壓扁紅醋栗，放入廣口瓶，密閉二天，使其發酵。

紅醋栗　一・五公斤
精製砂糖　五〇〇公克
米酒　一公升
水　一公升

醋栗是「酸而圓」的意思。醋栗有兩種，其一是無刺多花，另一是有刺少花。這裡所用的是無刺多花的醋栗。

它有點酸性，最適合做飯前酒。除增進食慾外，其清澈的粉紅顏色，亦能提高用餐氣氛。保存時，應置在沒有濕氣的陰暗處。

其對貧血症和補血相當有效果。在一般住家庭院裡，常見種植。果實採收期是六～八月左右。

用布蓋住放三個月
用過濾器過濾，滴入乾淨的廣口瓶，予以密閉。
三個月後再次過濾，改裝入細口瓶內，應保存在濕度低、陰暗處。
最適合當飯前酒飲用。
SUGURI

大黃酒

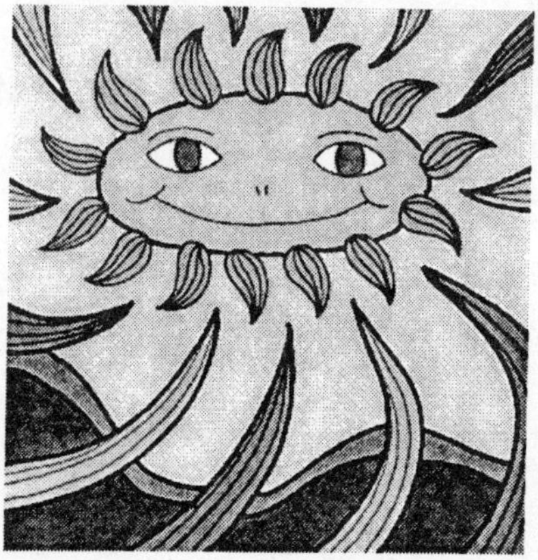

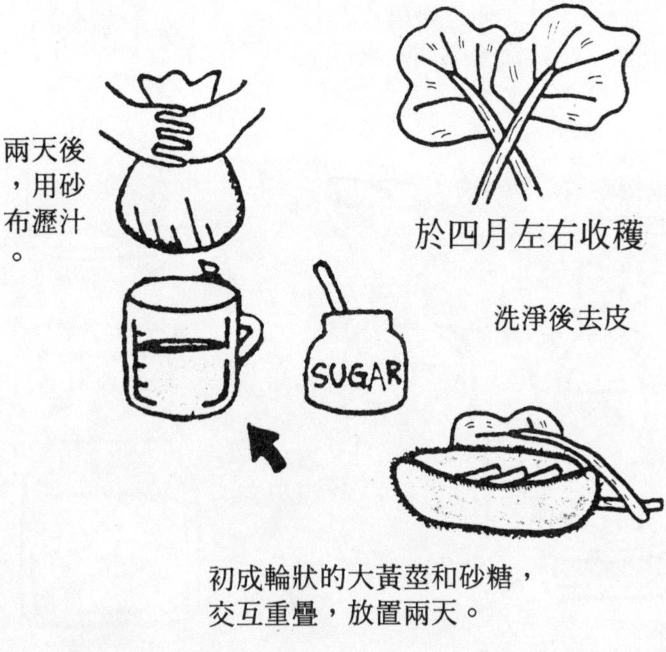
於四月左右收穫
洗淨後去皮
初成輪狀的大黃莖和砂糖，
交互重疊，放置兩天。
SUGAR
兩天後，用砂布瀝汁。

大黃汁　三公升
砂糖　二・五公斤
水　四公升

擁有紅潤雙頰，光澤皮膚的女性，聽說其秘密是使用大黃。漢醫指出，大黃有促進消化和通便之效。

像欵冬般形狀的大黃，其綠色或紅紫色的莖，可作食用。帶點酸味、水分多的大黃莖，也常被做成果醬、或餅乾。

以其做葡萄酒材料時，為保持色美，需掌握過濾和換瓶的時機。

除在漢藥店購買外，亦可自行買種子回來栽培。

把糖漿和大黃汁一起倒入細口瓶。
需注意灰塵。讓其發酵五～六個月，發酵後再倒入細口大瓶，加上軟塞，放置三個月。
用過濾器過濾，裝入瓶內。

接骨木酒

壓扁接骨木果實，與砂糖、蜂蜜、鹽，一起放入桶內。

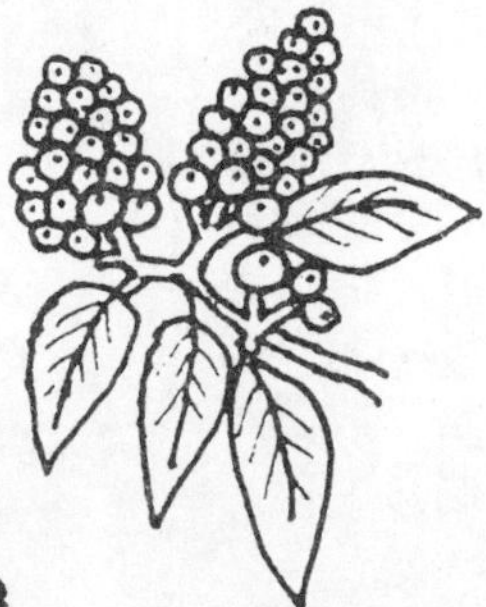

八～九月摘取

若沒有木桶，可用能密閉的塑膠桶代用。

接骨木果實　五公斤
蜂蜜　五〇〇公克
砂糖　五〇〇公克
鹽　五公克

在盛夏，熱情開放的接骨木花，有著美麗的深紅顏色，以其製造葡萄酒，可享受視覺之美。

摘取接骨木果實，以紅色成熟的為宜。沒有成熟的會有擅味，需注意。

接骨木酒具有獨特的酸味和澀味，有大人的味道，其淡淡的澀味尤其迷人。

加蘇打水飲用別具風味，或在紅茶裡添入此酒，味道更棒。

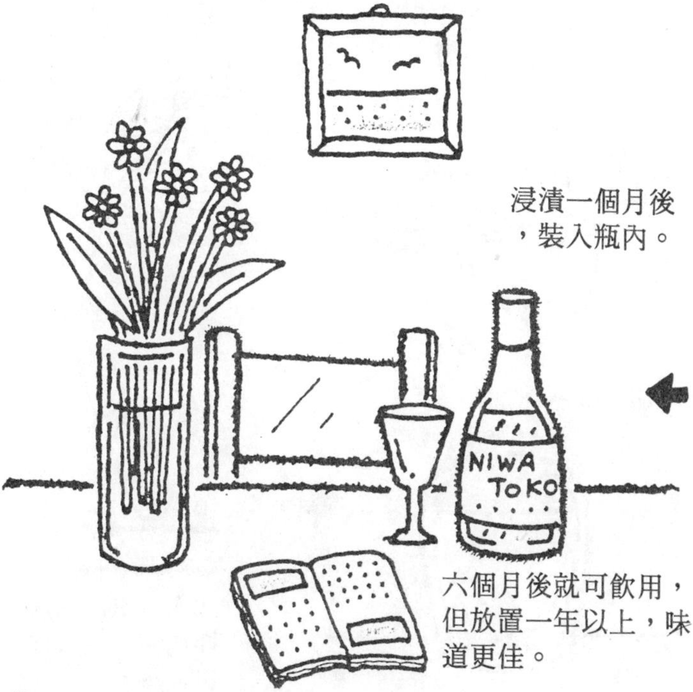

浸漬一個月後，裝入瓶內。

六個月後就可飲用，但放置一年以上，味道更佳。

野玫瑰酒

收穫期為十～十一月

洗淨果實，去掉莖，用乳棒搗碎。

加入少量的水攪拌均勻，倒入細口大瓶。

以二・五公升的熱水溶化砂糖、放冷。

加入糖漿

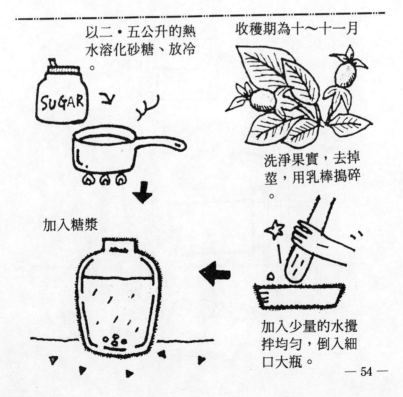

野玫瑰果實（完全成熟的。十～十一月摘取）　一公斤
水　二・五公升
砂糖　一公斤

酒實在是種很奇妙的東西。「裝入瓶子時，需是晴天」，此乃法國自古以來製造葡萄酒的秘訣。若沒有遵守這個說法，不知何故，製出的酒很混濁。

小時候，我們常可看見，可愛的白色野玫瑰花。它的紅色果實，中藥稱為「營實」，是自古以來珍貴的美容藥材。其果實在九～十一月成熟，可摘取。野玫塊酒，具有淡淡的清香，實乃富野趣之酒。

一天搖動一次，使其均勻。玫瑰果實自然的紅色，會使葡萄酒變成玫瑰色。
在好天氣時換裝至廣口瓶，如是壞天氣，酒會變混濁，此為古老傳下的秘訣。
用過濾器過濾，裝入瓶內，予以密閉。
NO BA RA
三個月後就可飲用。時間愈久，顏色愈漂亮，味道也更美好。

蘋果西打

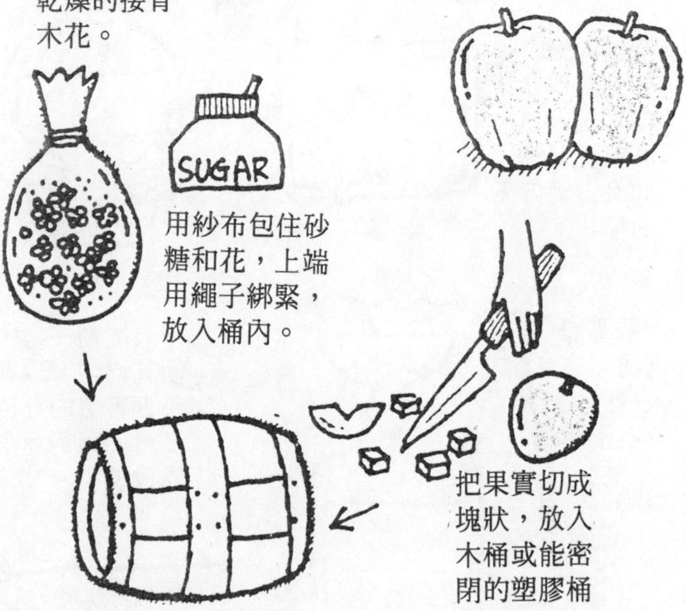
乾燥的接骨
木花。
SUGAR
用紗布包住砂
糖和花，上端
用繩子綁緊，
放入桶內。
把果實切成
塊狀，放入
木桶或能密
閉的塑膠桶
內。

蘋果　六公斤
砂糖　一公斤
乾燥的接骨木花　三杯
水　約十公升

英語的西打，亦指為水果酒，和我們一般所喝的汽水，截然不同。

一般來說，用果實所釀造的酒，酒精度相當低，約為百分之二至百分之八。而其中最受人歡迎的，即為蘋果酒。

用酸味強的蘋果所釀成的酒，喝起來特感清涼，適合在吃油膩料理時飲用。紅玉、青蘋果都是上選的釀酒材料。

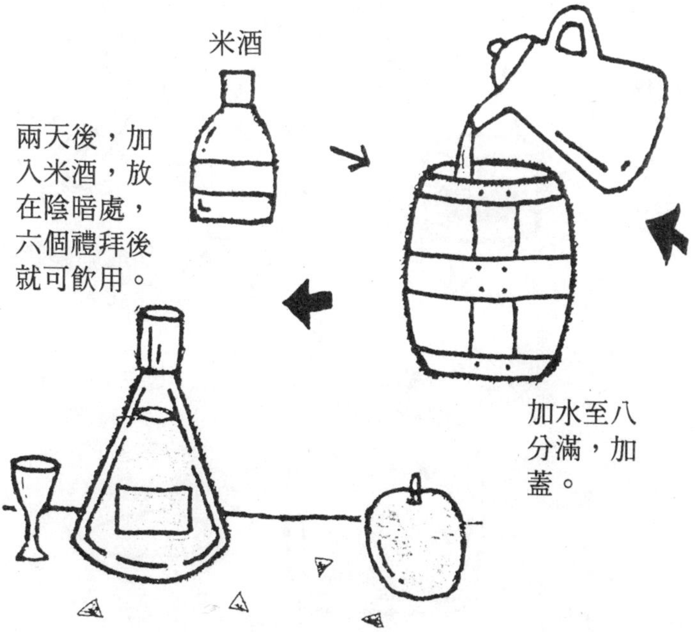
米酒
兩天後，加入米酒，放在陰暗處，六個禮拜後就可飲用。
加水至八分滿，加蓋。

無花果酒

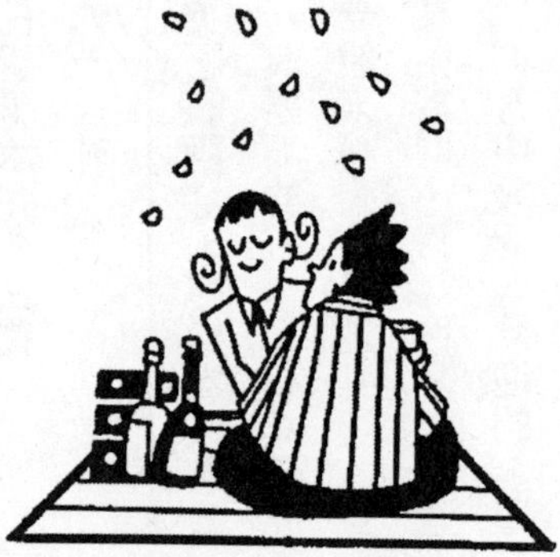

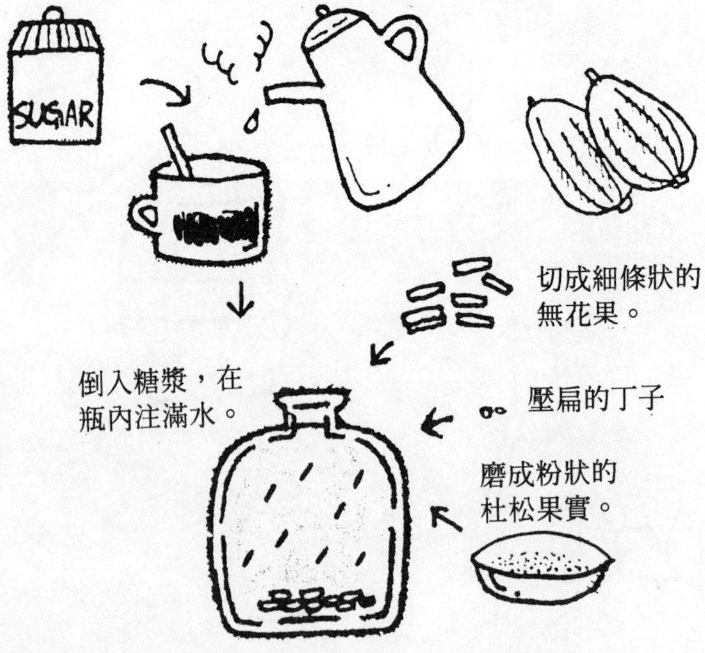
SUGAR
切成細條狀的無花果。
倒入糖漿，在瓶內注滿水。
壓扁的丁子
磨成粉狀的杜松果實。

無花果　二公斤
杜松果實　三粒
丁子　三個
砂糖　二〇〇公克

　　自古以來，無花果便被稱為「便秘之藥」。將其切開，會有乳液分泌出來，此種乳液含有促進通便作用的成份。

　　此外，它對預防貧血也有顯著的效果，是相當不錯的健康酒。

　　無花果果實本身，並沒有濃郁的香味，因此，釀好的酒，只有淡淡的清香味。它可和其他種類的酒調和出好喝的雞尾酒，也可做成雪泥和果糖，變化繁多。

用布過濾，換裝至另一瓶內。蓋子輕輕栓上即可，不必緊閉。
Z Z Z…
一個月以後即可享用。
讓其發酵五、六天
Happy Birthday

知識欄2

■你知道葡萄酒的香味，有清香和濃香之分嗎？葡萄的品種繁多，所釀成的葡萄酒香味，因葡萄品種不同而異。而同品種所釀成的酒：釀好不多時的，具有一股特有的香味，也就是所謂的清香。而濃香是指放置時間較久的葡萄酒，所散發出的一股綜合香味。隨著時間愈久，單純的清香會減弱，而成為全體香味渾然一體的濃香。不論是放在桶內或瓶內的葡萄酒，都是愈沈愈香。亦即，清香是先天具有的，濃香則是後天養成的。好的葡萄酒就像美女一樣，百喝不厭。

■不論是吃東西或喝飲料，在適溫時食用感覺最好。葡萄酒亦同。一般說來，白葡萄酒適合冰飲，紅葡萄酒不適合冰飲。因為，具有強烈酸味和澀味的紅葡萄酒，冰過後，香味會降低，喝時，只會感到其酸味和澀味而已。紅葡萄酒最適當喝的溫度，是攝氏十五度左右，此時的香味最迷人。所以，盛夏喝紅葡萄酒，稍稍冰後再喝最恰當。甜的白葡萄酒宜在攝氏六～十度飲用，辛辣及極甜的則宜在攝氏十度喝。玫瑰紅則是在白、紅葡萄酒中間，以攝氏十～十二度為適溫。

第三章　葡萄酒的延伸

以葡萄酒為基礎，親手釀製的酒

綜合性葡萄酒，又叫做混合葡萄酒。它是以非發泡性葡萄酒為基礎，加入藥草、調味料、果實等而成。其具有獨特的香味和風味，是可以自行釀造的酒。

各位已知，葡萄酒可大致區分為四個種類。在此，將第四個種類（綜合性葡萄酒）介紹予各位。

此種酒的酒精度約為十三～二十五度。而利口酒（亦以葡萄酒為基礎）的酒精度較高，我將在第七章介紹。

把風味甚佳的葡萄酒，羼入藥草或果實，更能釀出獨具風格的香味來。不過，過甜或草味過濃，都會影響香味，所以，製造時各分量，應嚴格遵守。

梅酒是一般家庭廣為釀造的酒。

但是，製酒的材料何其多，使用自己喜歡的花、果實，製出各種不同的酒，不也是一種享樂？以你自己釀製的自家酒，配合著豐盛的菜肴招待客人，你一定會贏得讚賞之聲的。

至於所使用的葡萄酒，並不一定要選高價位的。葡萄酒的價格，從一百左右到數千元的都有。價格昂貴的就一定是最好的嗎？此乃主觀看法，不能一概而論。

法國有句玩笑話：「高價位的葡萄酒中，偶而會有美味的酒。」最重要的是依照材料的味道和香味，選擇適合的紅、白、或玫瑰紅葡萄酒。因為，各種葡萄酒有澀、酸、辣、甜等口味，應注意，不要與材料的原味產生格格不入的情形。

在世界上有很多出名的酒是以葡萄酒為基礎所釀造的。如：白葡萄酒加入人參的「俊」，加入蘋果的「多尼」，及西班牙聞名的「桑格利亞」等都是。親手釀造的酒，配上獨特的瓶子，更是引人遐思。

柳丁酒Ⅰ

柳丁皮2個份，白葡萄酒（甜）1公升，砂糖200公克，一起裝入瓶內，放在陰涼處，浸漬十天。

柳丁皮　二個份
白葡萄酒　一公升
砂糖　二〇〇公克

法國有道名菜，是以柳丁汁加酒煮成的。柳丁的香味，誰都喜愛，以其製成的酒，更受人歡迎。因其為甜度高的果實，所以砂糖量需控制好。

迷人的香味、清淡的味道，是柳丁酒的特色，在歐洲，廣被當成飯前酒飲用。

加點冰、檸檬，味道更棒。

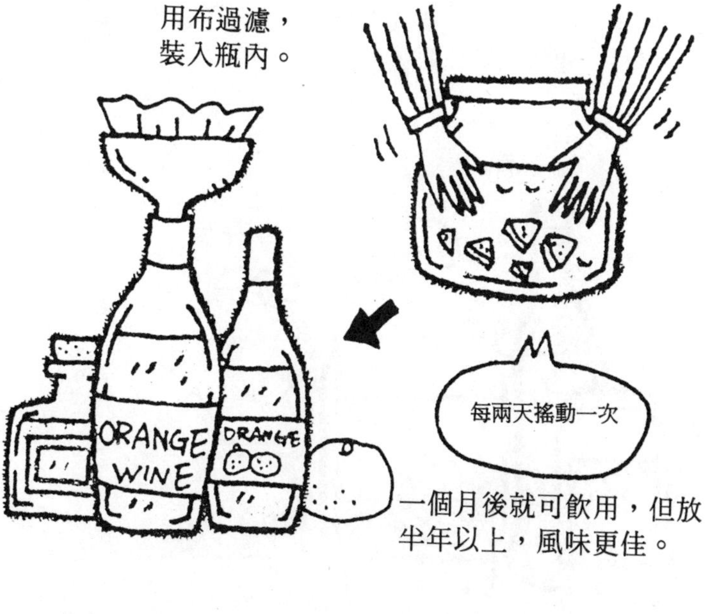
用布過濾，
裝入瓶內。
每兩天搖動一次
ORANGE
WINE
ORANGE
一個月後就可飲用，但放
半年以上，風味更佳。

柳丁酒II

洗淨柳丁、檸檬，切成輪狀，與所有的材料一起放入廣口瓶，密閉。

柳丁　一個
檸檬　一個
紅葡萄酒　一公升
米酒　½公升
甘草　一片
砂糖　五〇〇公克

柳丁的原產地是，以印度為中心的亞洲東南部一帶。而後被引進中國、阿拉伯、西歐等。

香味濃的柳丁是柑橘類之后。品嚐柳丁酒的芳香，是至高的享受。

其果皮加入精製砂糖煮爛，就是可口的果醬了。

五個禮拜後，用布過濾，裝入瓶內。
ORANGE
ORANGE
馬上就可飲用，但放置半年到一年，味道更佳。

長春花葉製的飯前酒

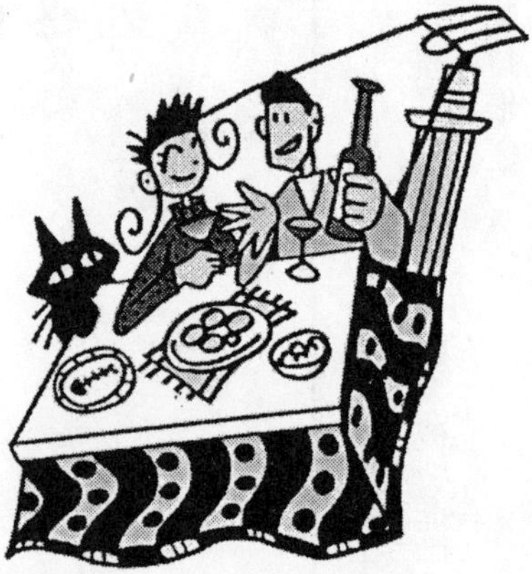

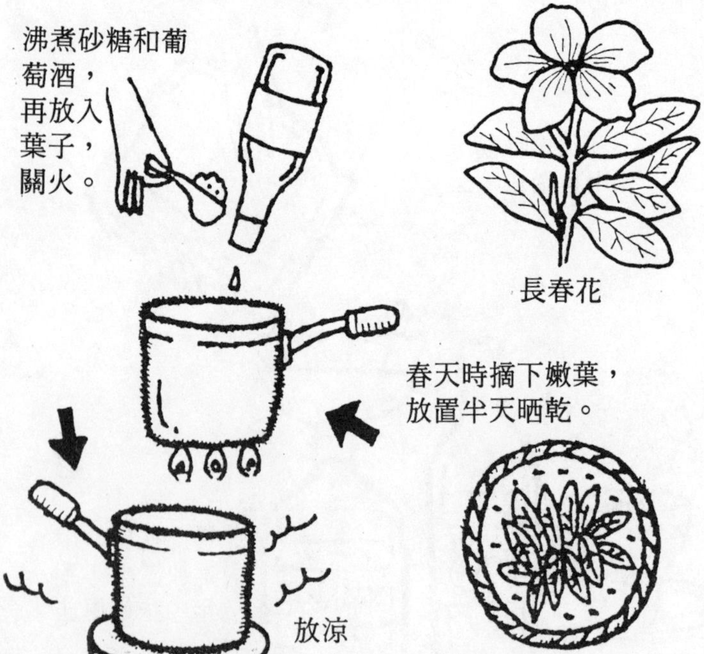
沸煮砂糖和葡萄酒，
再放入葉子，
關火。
長春花
春天時摘下嫩葉，
放置半天晒乾。
放涼

長春花葉　約一茶碗
白葡萄酒　一公升
砂糖　一〇〇公克

長春花原產於歐洲，是夾竹桃科多年草。使用部分並非是其淡紫色花朵，而是在春天摘下的嫩葉。

和葡萄酒一起沸騰時，美麗的綠色會分析出來，相當吸引人。

放置兩、三天後，再冰過飲用，風味絕佳。

平時種植在庭院裡，做為觀賞用的長春花，只要下點工夫，就能增添餐桌上的氣氛。

用過濾器過濾，
裝入瓶內，放置兩、
三天後，就可飲用。

迷迭香酒

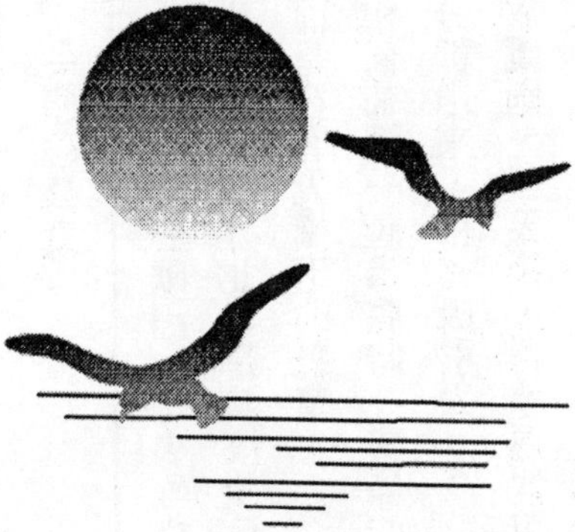

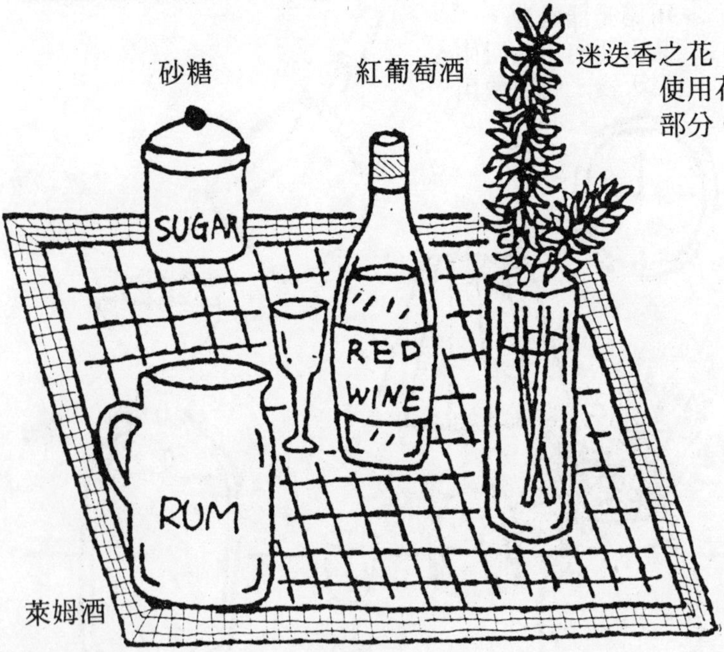
砂糖
紅葡萄酒
迷迭香之花，使用花的部分。
SUGAR
RED WINE
RUM
萊姆酒

迷迭花　一五〇公克
紅葡萄酒　一公升
砂糖　一〇〇公克
萊姆酒　一杯

迷迭香原產於歐洲、地中海沿岸一帶，是紫蘇科植物。五月時會盛開淡紫色的花朵。葉會分泌香油，可做香料。其為香辛料原料，是料理肉類、蔬菜類不可或缺之佐料。歐洲人習慣咬其葉，以消除口臭。

迷迭香之花，代表貞節、誠實、不變的愛，常被用來做新娘捧花，或結婚蛋糕的裝飾花。

含一口迷迭香酒，宛如含住「森林之香」，真是妙不可言。

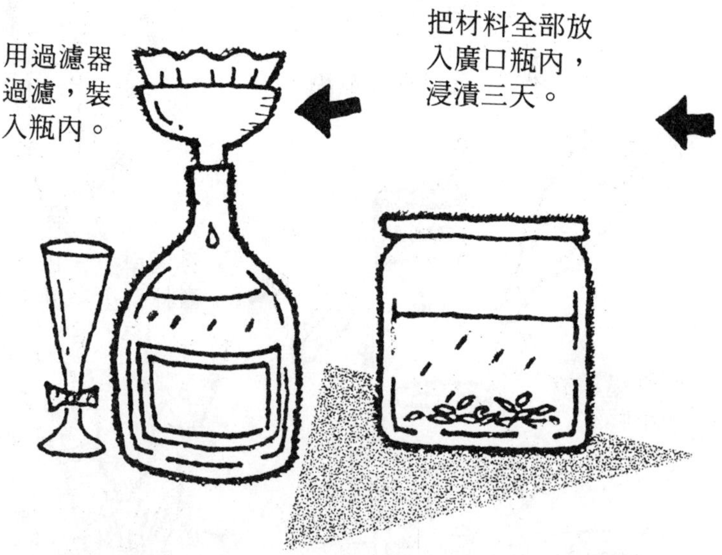
把材料全部放入廣口瓶內，浸漬三天。
用過濾器過濾，裝入瓶內。

一個月後就能飲用。但是，放三個月以上再喝，味道更棒。

森林女王酒

春天早上，摘下
森林女王草使用
洗淨森林女王花
，瀝乾，放入容
器內。
加入葡萄酒、砂糖、
切成輪狀的柳丁皮，
甘草則依自己喜好添加。
SUGAR
放置陰涼處
一小時。

森林女王花　約半茶碗
白葡萄酒　一瓶
柳丁皮　少許
柳丁　½個
砂糖　一五〇公克
香草　適宜

森林女王草具有獨特的芳香。

在早上摘下它，下午就可釀成美味的酒。釀造一小時後，其芳香和柳丁的香味，便相互融合，形成高貴的葡萄酒。

在下午品味剛做好的葡萄酒，其樂趣絕非言語所能表達。

把森林女王草放在衣櫥裡，就成了自製的芳香劑，廣受人們愛用。

山櫻花葉製成的飯前酒

砂糖放入葡萄酒內，浸漬四十八小時。

初夏時摘取山櫻花葉。

洗淨葉子，用布擦乾水分。

山櫻花葉　四〇片
砂糖　一六〇公克
紅葡萄酒　一公升
櫻桃酒　一杯

櫻花一直是國人所喜愛之花，乍見櫻花，就知春天的腳步已近。

利用櫻花葉，可製出可口的櫻花餅，乃是大家皆知之事。在此，所介紹的則是山櫻花之葉。

山櫻花是薔薇科，屬於野生。有的葡萄酒需趕快喝完，如玫瑰紅葡萄酒。但山櫻花葉酒，則是愈沈味道愈佳。比比看，一年的、兩年的、三年的山櫻花葉酒，味道有何不同？——喝酒的樂趣，真是享用不盡啊！

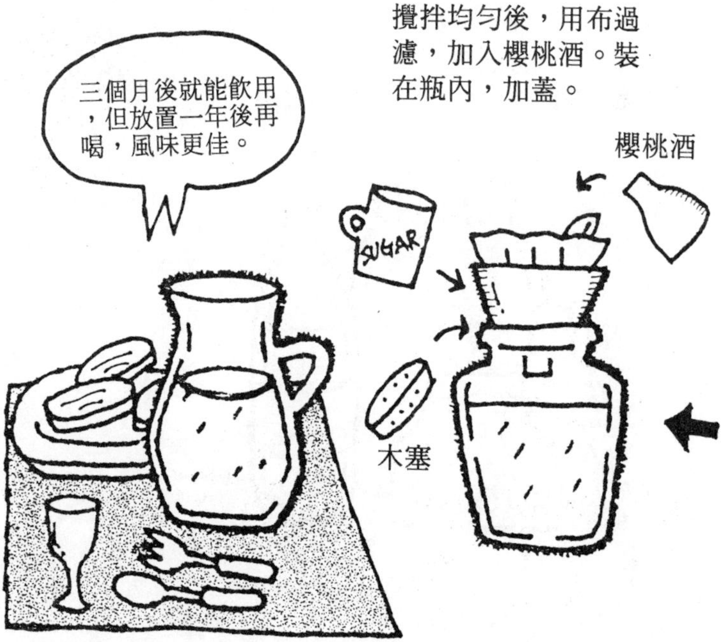
攪拌均勻後，用布過濾，加入櫻桃酒。裝在瓶內，加蓋。
三個月後就能飲用，但放置一年後再喝，風味更佳。
櫻桃酒
SUGAR
木塞

甘菊酒 I

甘菊在五、六月開花，
只需摘下花的部分。

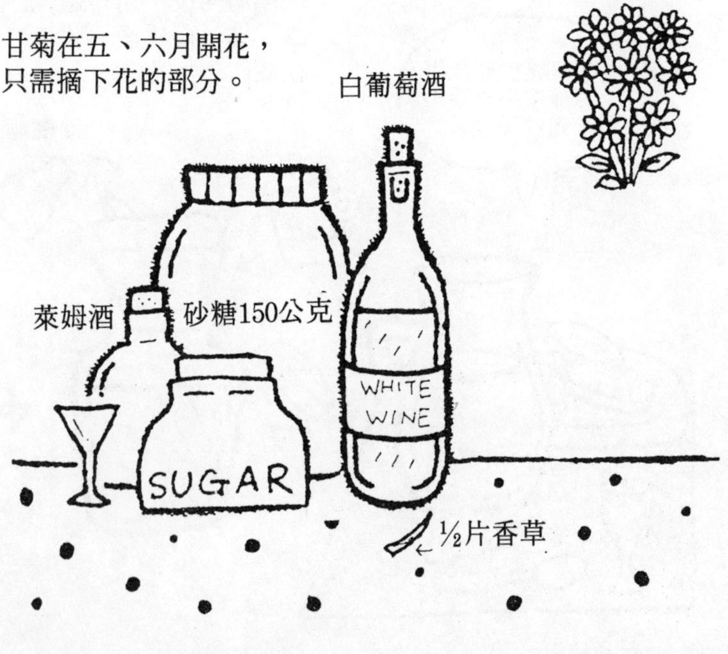
白葡萄酒
萊姆酒
砂糖150公克
WHITE WINE
SUGAR
½片香草

甘菊花　四〇朵
葡萄酒　一公升
砂糖　一六〇公克
萊姆酒　一酒杯
香草　½片

高六十公分，散發清香小甘菊花，有個暱稱，叫「大地的蘋果」。飲用甘菊汁，有助發汗。其汁可用來洗眼和洗澡。

花店裡有售其種子，可購回自行栽培。

把全部材料放入廣口瓶、加蓋，放置兩個禮拜。

用過濾器過濾，裝入細口瓶，加木塞保存。

約六個月就可飲用

甘菊酒 II

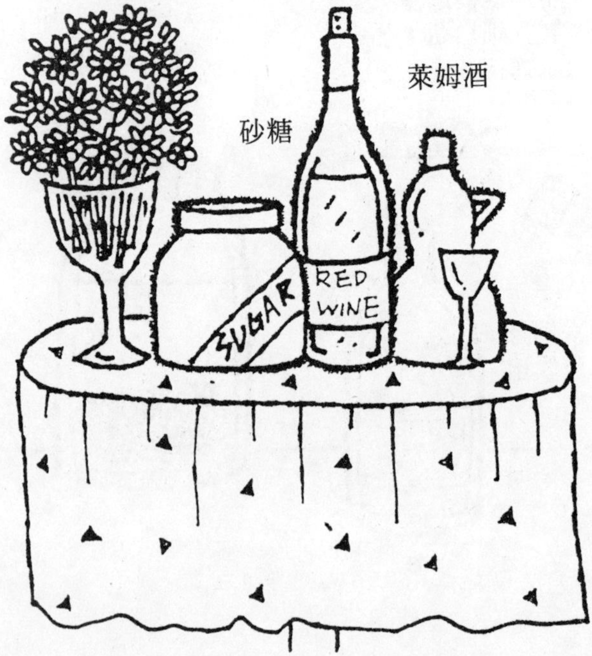
甘菊花
紅葡萄酒
萊姆酒
砂糖
SUGAR
RED WINE

甘菊花　二〇朵
紅葡萄酒　一公升
砂糖　一二〇公克
萊姆酒　一酒杯

甘菊原產於巴爾幹半島、西南亞洲。歐洲、北美、南美亦常見野生的甘菊，在夏天，盛開著可愛的小白花。

昔時，英國人常將此花放置在地板上，享受其芳香。

雪梨酒、苦艾酒，常添加此花以增加香味。此外，以其為茶、洗髮精的材料，亦處處可見。

擁有甘菊花香，帶點酸味、澀味的甘菊酒，最適宜當飯前酒。

用布過濾，裝入瓶內。
把全部材料放入廣口瓶，浸漬四天。
一個月後就能飲用，但六個月後再喝更好。

鼠尾草酒

WHITE WINE
五、六月左右，鼠尾草會開紅色的花朵。
把剛摘下的鼠尾草洗淨，放在竹簍內。
用葡萄酒浸泡八天。

鼠尾草　八〇公克
白葡萄酒　一公升

拉丁語的鼠尾草，是表「平安」、「健康」之意。由此可知，其具有相當大的療效。

五、六月左右鼠尾草會盛開小小紅色的花。摘下其花，晒乾後，再用葡萄酒浸泡八天，就成為鼠尾草酒了。

它可提高全身精力，所以，疲勞時喝它一杯最好。睡前喝一杯，可使你有個好眠。其對胃痛、腹痛、美膚有很好的療效，是相當不錯的酒。

馬上可喝，
但三個月後
再喝更好。

胡桃酒 I

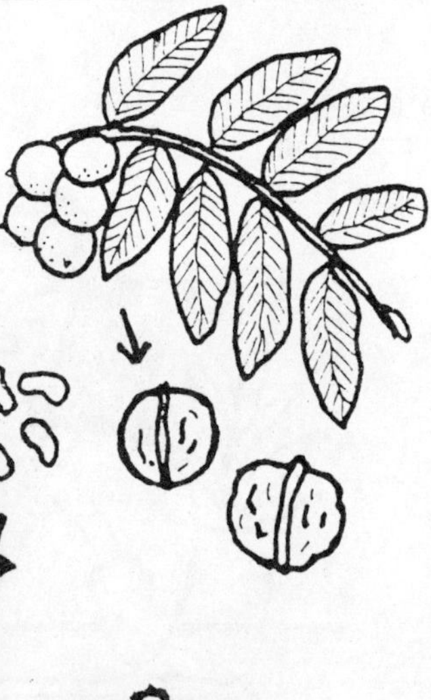

切開胡桃，
去除澀皮。

把砂糖、葡
萄酒加入廣口瓶，
置於陽光處四、五天。

胡桃　六個
紅葡萄酒　一公升
精製砂糖　五〇〇公克

日本山中很多野生的胡桃。它是古時人們的重要食糧之一。因其可保存很久，所以，常被貯藏以備缺糧時食用。

胡桃可煉取胡桃油。切碎後的胡桃，是製作餅乾的上好材料。它含有多量的蛋白質、脂肪，非常有營養。

釀造胡桃酒，需用新鮮的胡桃。最好是在未成熟時即摘下。用摘下過久的胡桃釀酒，風味奇差。胡桃特有的苦味，配上紅葡萄酒的風味，獨具風格。

六個禮拜後
，用布過濾，裝入瓶內
，三個月後就可
飲用。
用長木柄攪拌。
WINE

胡桃酒 II

六月中旬之前，
摘下胡桃。

把果實切成四塊，去除澀
皮。

把全部材料
一起放入廣
口瓶，浸漬
一個月，每
天要搖動一
次。

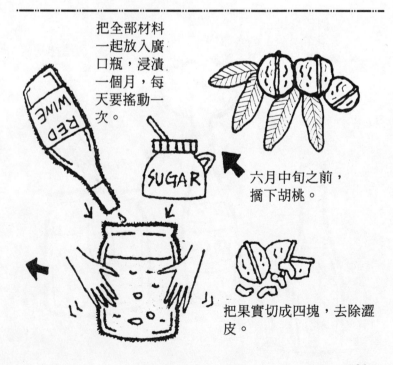

胡桃　二〇〇公克
紅葡萄酒　¾公克
精製砂糖　二五〇公克
柳丁皮　少許
檸檬皮　少許

胡桃象徵著生命之不滅。在歐洲，很多人喜用它來做為祝賀結婚，或贈送聖誕節之禮物。

胡桃酒的材料，以剛採下的胡桃最適宜。在六月中旬之前，找機會到野山摘摘看吧。

胡桃本身的香味不濃，但加上柳丁皮和檸檬皮，就能顯出清香的味道。一天搖動一次，可加速其發酵。

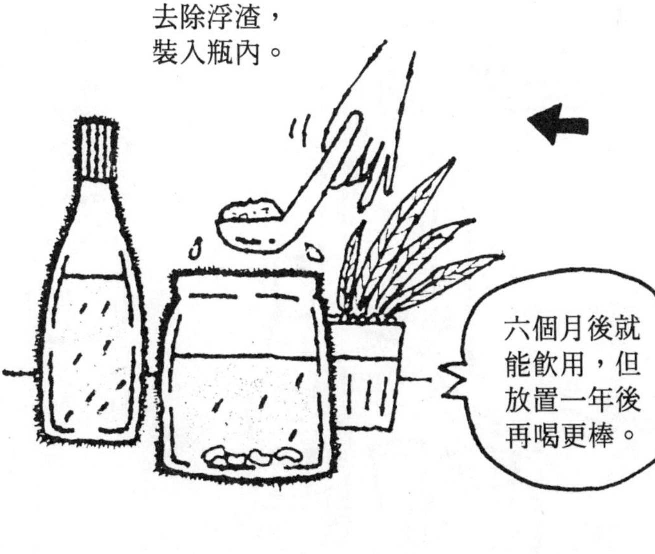
去除浮渣，
裝入瓶內。
六個月後就
能飲用，但
放置一年後
再喝更棒。

黑醋栗葉製成的飯前酒

黑醋粟葉　約八茶碗
白葡萄酒　一公升
砂糖　一〇〇公克

醋粟有兩種，其一是無刺多花，另一是有刺少花。兩種的果實皆圓而多汁。黑醋粟是屬於無刺多花之一種，市面上售有以其為材料的果醬和調味料。

黑醋粟葉酒，具有令人暈眩的鮮紅顏色，能增加用餐氣氛。

你不妨以楓葉狀的黑醋粟葉，釀造酒看看，每天飯前喝一小杯，可增進食慾。在法國，它是很受歡迎的飯前酒。此外，它也是很有效的強壯劑。

把葉子和砂糖一起放入葡萄酒，浸漬十五天。
用布過濾
SUGAR
WIN
它是很有效的強壯劑。
三個月就能飲用。

羅勒酒

羅勒於四～
六月收穫。

洗淨羅勒葉子，攤置於竹
簍中，讓其自然乾燥，然
後浸漬在白葡萄酒中。

剛摘下的羅勒　一〇〇公克
白葡萄酒　一公升
砂糖　三〇〇公克

羅勒很像番茄，常見於意大利菜肴中。

它是最古老的藥草之一，原產地為印度、東南亞。今日的印度人仍視其為「神聖之草」，對其崇拜不已。

義大利人和法國人，將其置於房間內，以達驅蟲之效。又它對治療失眠症和神經衰弱有奇效。釀造羅勒酒的材料，需選新鮮的羅勒。它是輕易能從花盆中摘取的素材。在四月中旬播種，六月至十月即可採收。無論如何，請試種看看。

隔天，用布
過濾之。
加砂糖
SUGAR
羅勒酒

樹莓酒 I

於七月成熟的樹莓，加以採收。

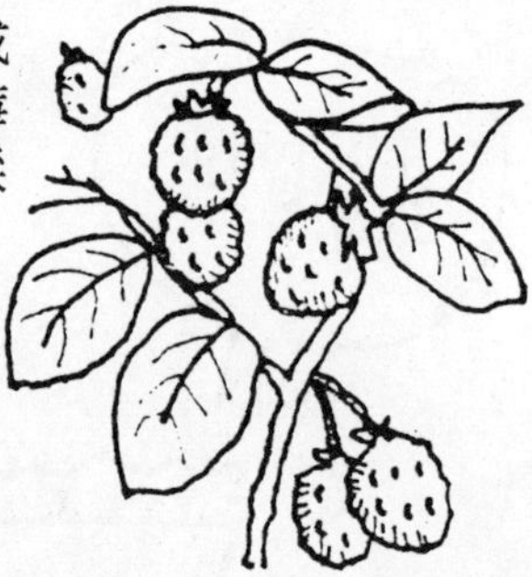

把白葡萄酒和樹莓置入碗內，浸漬二十四小時。

用布擠汁，果肉的汁需徹底擠出。

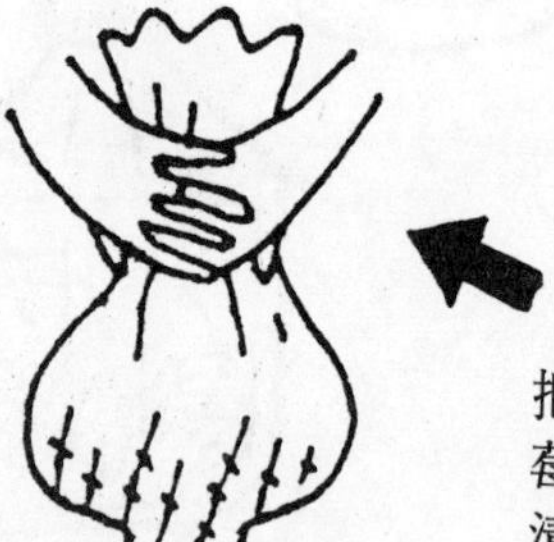

成熟的樹莓　一公斤
白葡萄酒　二・五公升
砂糖　二・五公斤

在山腳或林道旁，陽光照射得到的地方，常可看見這種小小的果實，由於它含有豐富的維他命C，深受女性們喜愛。

其用途相當廣泛，可附加在冰淇淋、乳果上，也可加工製成果醬，也是蛋糕和餅乾的好材料，此外，它也可以攪成汁飲用。

用白葡萄酒溶於樹莓汁中，變成美麗的粉紅色。不論是色、香、味，都能讓女性為之雀躍不已。加點冰塊，風味更是絕佳。

砂糖倒入果汁內，邊攪拌邊用慢火煮之。
SUGAR
把加熱的樹莓汁倒滿瓶，加木塞。
加熱
立刻可飲用

樹莓酒II

樹莓不要壓扁，用布擦拭乾淨。

把樹莓和砂糖放入葡萄酒中，浸漬五天，此期間需時時攪動。

樹莓　一茶碗
紅葡萄酒　一公升
砂糖　一二〇公克
米酒　一杯

樹莓遍佈世界各地。由於鳥獸喜食它，連帶的將其種子散至遠處。果實採收期是六月下旬至七月中旬。

紅葡萄酒的酸味，加上樹莓的香味，釀成極富野趣的酒。喜歡酸味的人，可依成熟樹莓兩個，加未成熟樹莓一個的比例來製造。它可暖和身體，是上好的睡前酒。

在瓶內倒入
一杯米酒。
以水稀釋，
更是好喝。
馬上就能飲用

酸漿酒

七月成熟的酸漿。洗淨其葉和莖，切成適當大小，放在竹簍晾乾。

和砂糖一起放入白葡萄酒內，浸漬八天。一天需攪動一次。

酸漿　三〇公克（包括葉和莖）
白葡萄酒　一公升
砂糖　三〇〇公克

其為茄科多年草。易栽培，有庭院的人可試種看看。

葉、莖部分有豐富的維他命C。自古以來，中藥以其為利尿藥和止咳藥，是和我們有著深厚關係的植物。

浸漬於白葡萄酒的八天中，可觀其變化，享受釀酒之趣。此時需注意的是，要時時搖動它。如此，酸漿和白葡萄酒才會混合均勻。

最後，淡綠色、爽口的酸漿酒就釀好了。

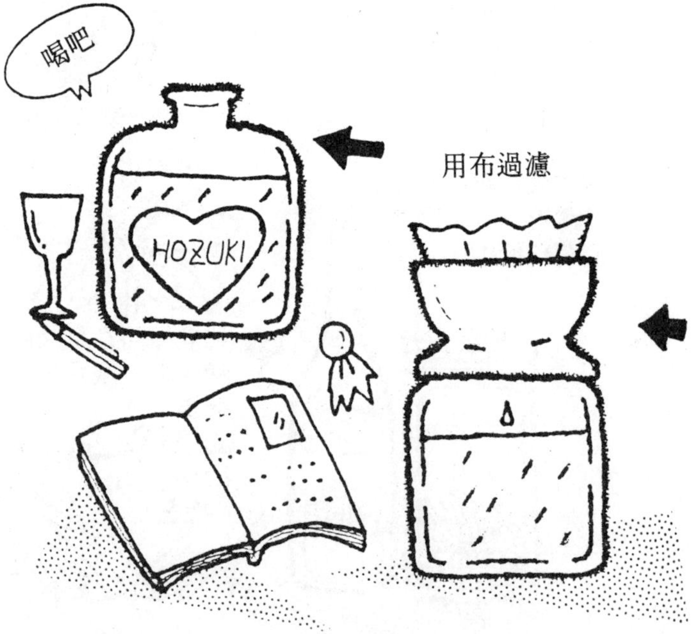
喝吧
HOZUKI
用布過濾

立刻就能喝，但一個月後再喝，更加味美。

蜂花酒

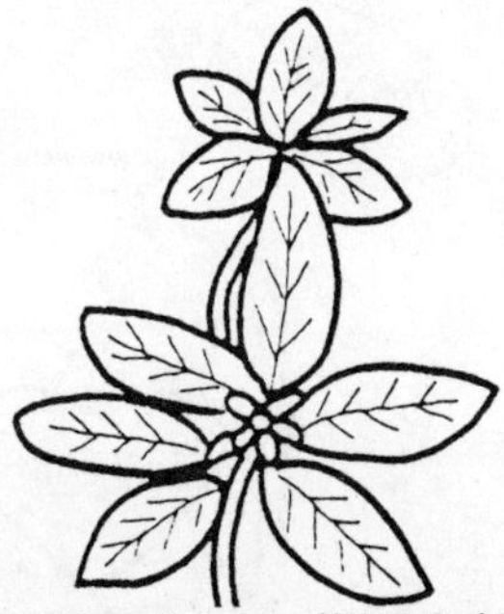

蜂花草可在菜園內種植，七、八月左右是收穫期。

洗淨蜂花草的葉子，瀝乾水分，浸漬於葡萄酒中。

蜂花草　約一茶碗
白葡萄酒　一公升
砂糖　十五公克
水　½杯

蜂花草是紫蘇科多年草。在歐洲，其為有名之藥草。又，它具有類似檸檬的香味，常被用來做調味料。

蜂花草，具有促進消化、鎮靜各種痙攣、消除神經疲勞的作用。其對貧血症也有很大的效果，所以，最適合當睡前酒。喝了它，醒後的心情特別舒暢。它是一種極易入口之酒。

蜂花酒的材料以剛摘下的蜂花草最適宜。請在自宅庭園試種它吧。

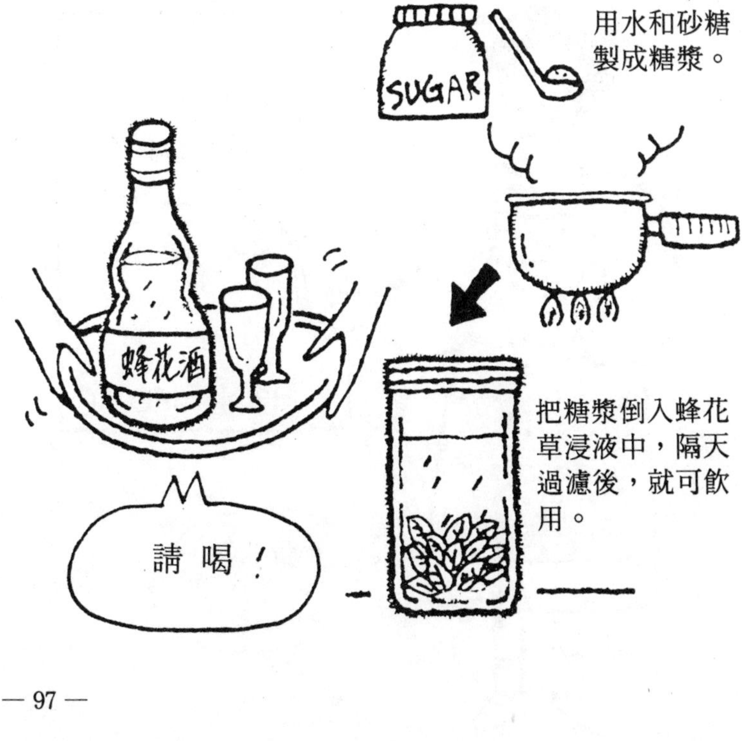
SUGAR
用水和砂糖製成糖漿。
蜂花酒
請喝！
把糖漿倒入蜂花草浸液中，隔天過濾後，就可飲用。

浜梨酒

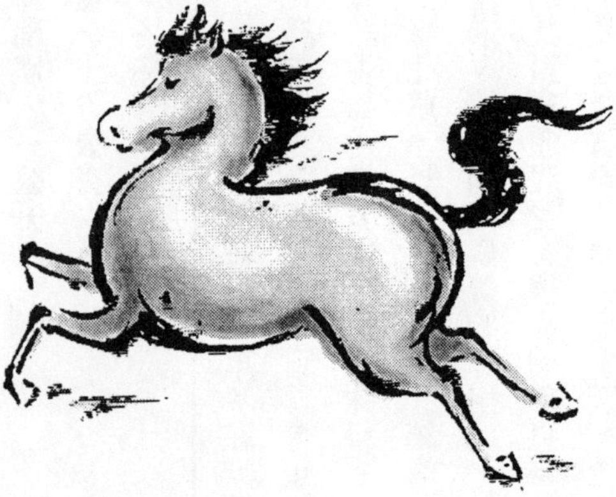

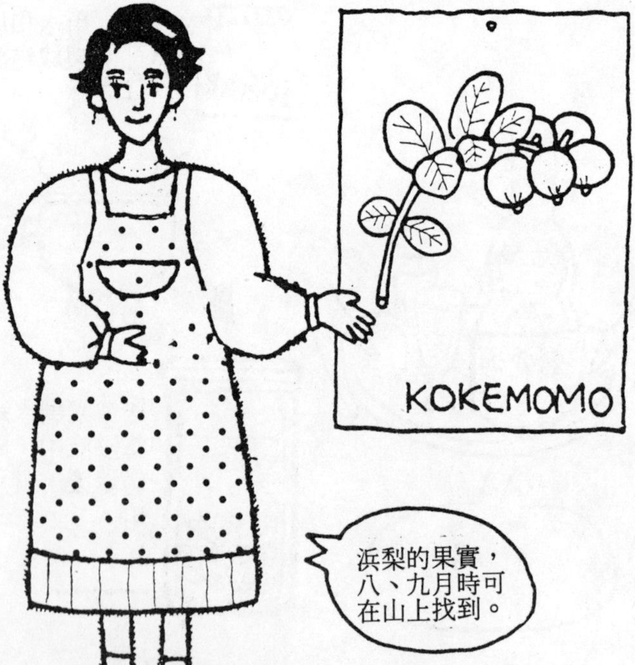
KOKEMOMO
浜梨的果實，八、九月時可在山上找到。

浜梨果實　五〇〇公克
白葡萄酒　一公升
甘草　一片
丁子　一粒

浜梨是杜鵑科，高約十公分的常綠灌木。晚夏時，會結直徑四到七毫米的果實，秋天就可以收穫。

在高山的岩石地和草少的裸地，可見其蹤影。

其果皮含有紅色素，所以釀出的酒是漂亮的粉紅色。除了香味迷人外，它還帶點酸、澀味，是一種讓人細細品飲的酒。

其果實有整腸作用，對下痢有效。

用乳捧搗碎浜梨。
把丁子、甘草一起放入葡萄酒內。
甘草
丁子
放置二十四小時。
用布過濾
裝入瓶內
此種酒對下痢有效。
兩個禮拜後就可飲用，但三個月後再喝，更加美味。

桃葉釀製的飯前酒

加入砂糖、葡萄酒後，予以密閉。

桃
加砂糖
SUGAR
RED WINE
約放五天

摘桃葉的時期是八月中旬到九月上旬之間。洗淨桃葉，擦乾水分，放入廣口瓶。

桃葉　一二〇片
紅葡萄酒　一瓶
砂糖　一〇〇公克
米酒　一杯

桃原產於中國。發出新葉前會先開花，告訴人們，春天來了。中國人認為桃具有靈力。

桃花惹人愛，果實可食用，即使是葉子，也可置於浴缸中，有防痱子之效。在此，是利用其葉，製造具有絕妙味道的酒。

重點在於摘葉之時期。宜在八月中旬至九月上旬間，其葉子繁盛的時期摘下。其葉含有豐富的維他命C，在法國，以其為飯前酒飲用。

用過濾器過濾後，加入米酒，攪拌均勻後，裝入瓶中。

一個禮拜後就可飲用。
PEACH LEAF

薑和甘草釀成的酒

把材料全部放入廣口瓶內，倒入葡萄酒、米酒。

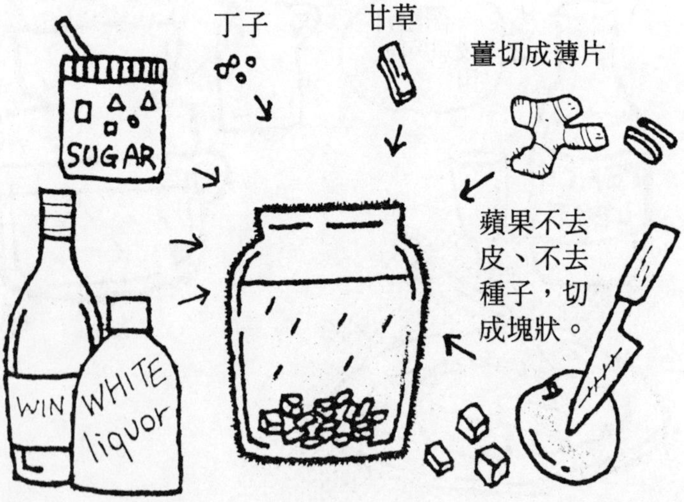
丁子
甘草
薑切成薄片
SUGAR
WIN
WHITE liquor
蘋果不去皮、不去種子，切成塊狀。

薑　十公克
白或紅葡萄酒　一公升
丁子　一粒
甘草　一片
蘋果　一個
砂糖　一五〇公克
米酒　〇・一公升

把隨手可取的辛辣佐料——薑，稍微用點工夫，就可釀出清涼透澈的飲料。

辛辣刺激的薑酒，最適合用來料理肉類。釀造後二〇至三〇天，就可飲用。嫩薑有嫩薑的風味，老薑有老薑的美味，都令人難以割捨。冰過後再喝更棒，它是夏天飯桌上，不可缺少的酒。

浸漬一個禮拜後，用過濾器過濾，裝入瓶內，20至30天後就可飲用。

杜松酒

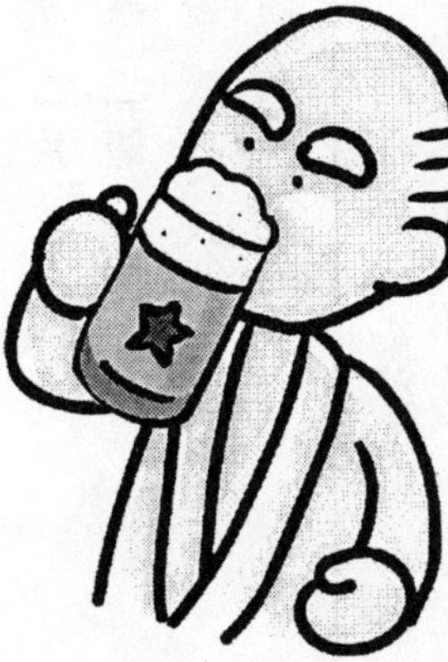

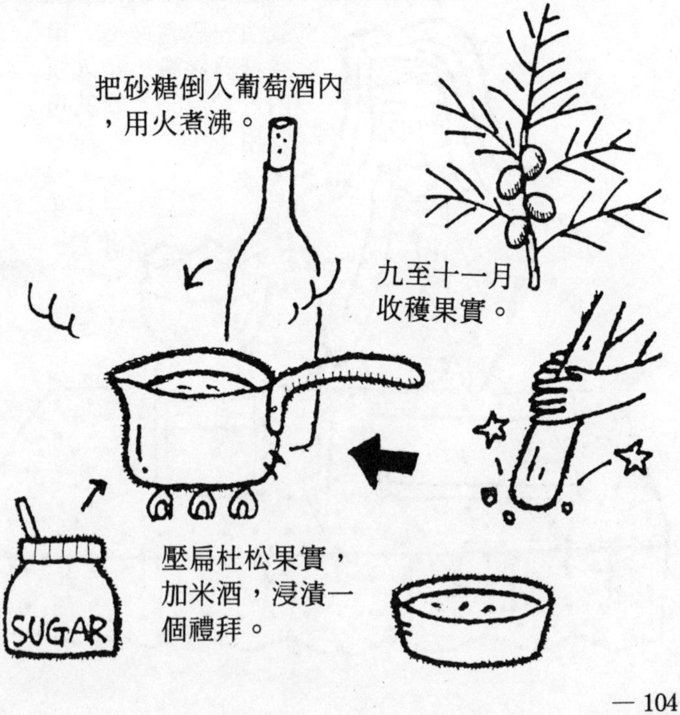
九至十一月
收穫果實。
壓扁杜松果實，
加米酒，浸漬一
個禮拜。
把砂糖倒入葡萄酒內
，用火煮沸。
SUGAR

杜松果實　一～四杯
米酒　¼公升
白或紅葡萄酒　¾公升
砂糖　八〇公克

杜松是常見的扁柏科，常綠小灌木。針葉尖端，硬且刺。它具有濃郁的芳香，令人心爽神怡。

春天時，會結紫黑色柔軟的果實。但以未成熟的果實釀成的酒，風味更加。它對利尿、風濕、痛風等，有相當的療效。

杜松，分布於平地到高山，丘陵和岩山較多見。

收穫期是秋天至冬天。

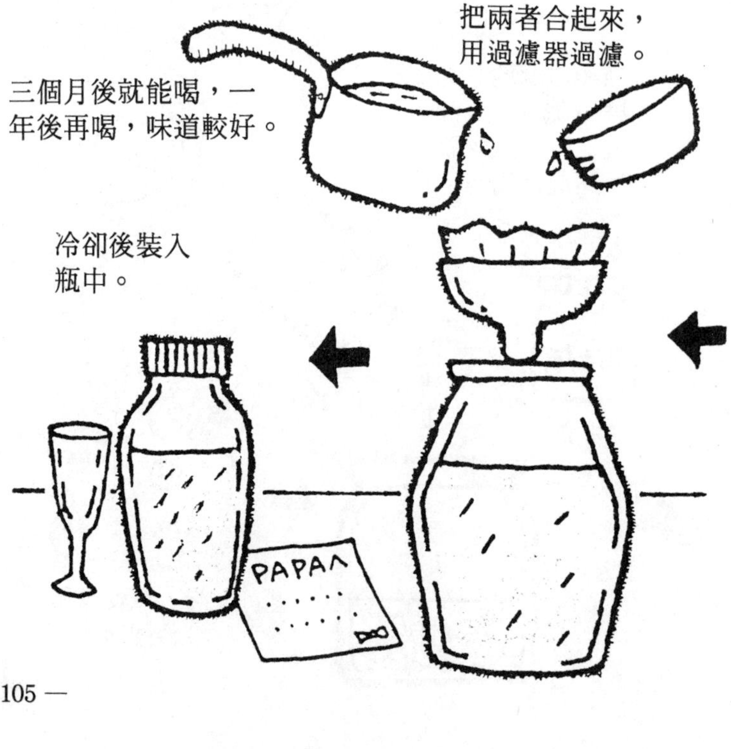
把兩者合起來，
用過濾器過濾。
三個月後就能喝，一
年後再喝，味道較好。
冷卻後裝入
瓶中。
PAPA

干梨酒

砂糖和白蘭地一起加入廣口瓶內，浸漬十五天，時時搖動瓶子，使其混合均勻。

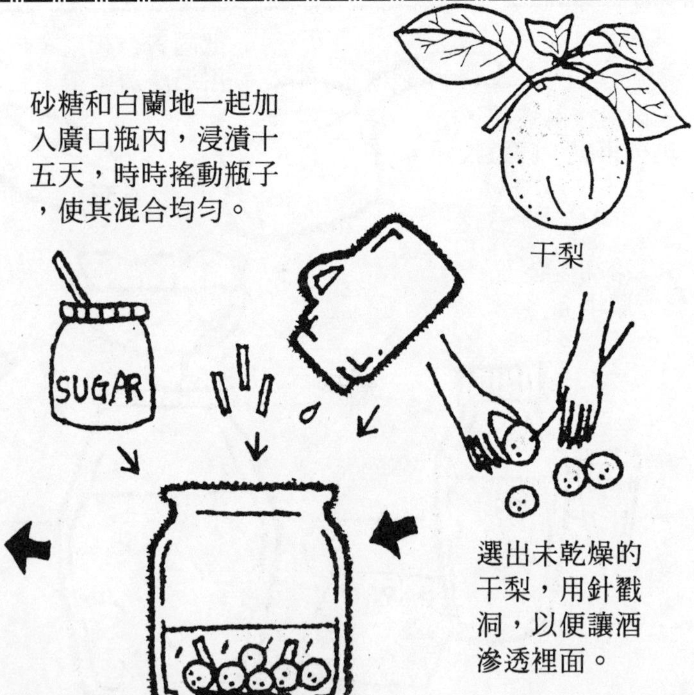

選出未乾燥的干梨，用針戳洞，以便讓酒滲透裡面。

沒有去除種子的梨子　二五〇公克
紅葡萄酒　一瓶
白蘭地　一杯
砂糖　一二五公克
香草　一片

其原產於中國華中地方及長江流域。在中國，它與桃並列為代表春天之花。在歐洲普遍被栽培。其雖有另一名稱「酸桃」，即酸的桃子之意。但成熟後，甜味會增加。

它和梅酒一樣，廣受歡迎。選擇的果實表面，應以光滑有潤澤為宜，釀成的酒風味才佳。

此外，它亦是冰淇淋和酸乳的上好調味料之一。

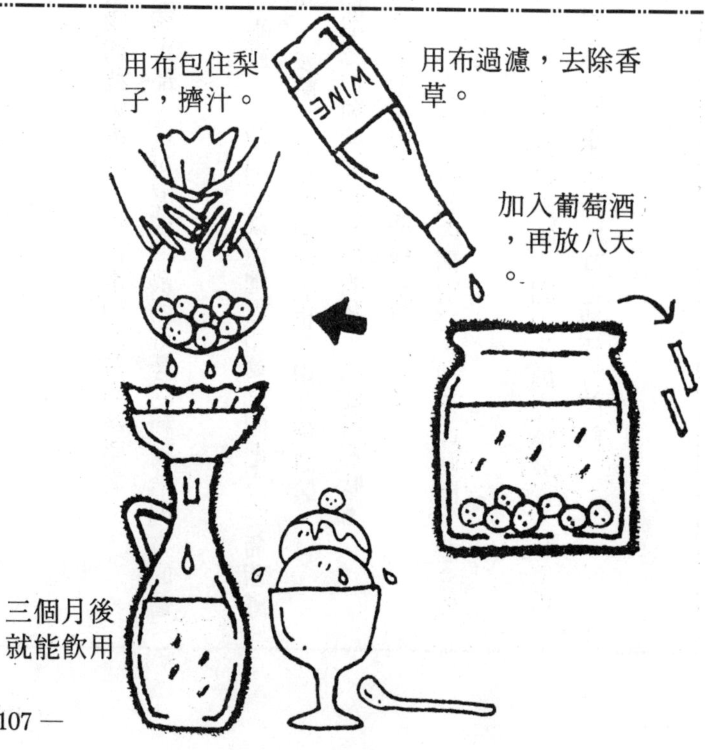
用布過濾，去除香草。
WINE
用布包住梨子，擠汁。
加入葡萄酒，再放八天。
三個月後就能飲用

知識欄3

■葡萄酒瓶的形狀，因國家、地方而不同。

①圓筒形、兩肩外張的酒瓶——法國的波爾德地方和日本的葡萄酒瓶屬之。

②圓筒形、雙肩圓垂的酒瓶——法國東部，紐可尼地方及西班牙的利歐哈地方的葡萄酒瓶屬之。

③比紐可尼地方的酒瓶稍微細長的酒瓶——德國的萊茵地方和蒙瑟爾地方的葡萄酒瓶屬之。法國的阿爾薩斯地方、奧地利、波蘭、捷克的葡萄酒也多用此種瓶裝。

④水桶形酒瓶——德國的法蘭克林地方和葡萄牙的葡萄酒瓶，是此種形狀。

⑤像實驗用的燒瓶型——義大利的特斯卡拉地方。亦稱稻草包裝型。

■葡萄酒瓶蓋一旦開啟，就要喝完。一到六小時間內需喝完，超過此時間，酒會氧化，味道會降低。

而有人認為，開瓶後的葡萄酒，擺一會後，更具美味，因為不純物揮發後，味道更佳。所以，在喝紅葡萄酒前一小時，白葡萄酒前半小時，就把瓶栓打開吧。

第四章 啤 酒

啤酒的根是麵包

佔居國內酒類消費量第一名的是啤酒。大多數的人習慣以啤酒代水。它的魅力究竟為何？現就其機能等，分析一番。

製造啤酒的歷史相當悠久，據說始於紀元前約三千年。在古代美索不達米亞地方，先把小麥碾碎製成麵包，再把麵包弄成粉狀，加水後，讓其自然發酵，釀造成啤酒。古埃及時，釀造啤酒是很重要的產業。埃及釀造啤酒的方法，和美索不達米亞略有不同。他們把水加入麥粉後，暫且放置一旁。待自然發酵後，再予煮沸，製成麵包。其後步驟與美索不達米亞相同。由此可知，啤酒的根，原來是麵包。

啤酒有兩種：一為下面發酵（發酵後酵母下沈）；一為上面發酵（發酵後酵母往上浮）。德國的慕尼黑啤酒、美國啤酒等，世界上幾乎所有的啤酒，都是下面發酵。色淡、味香，是屬於比較薄的啤酒。

上面發酵啤酒，大都為英國釀造。其色、味、酒花香味都較濃，酒精度亦較高。

接下來，簡略介紹啤酒的製造過程。

首先：①把啤酒麥（大麥的golden melon種）放入槽內約三天。②發芽麥（麥芽）使其乾燥。此時，麥芽的青澀味會消失，轉而芳香的麥芽。③用粉碎機碾細後，放入攝氏五〇度的熱水中，使其糖化。④加入酒花、加熱，使其增加香味和苦味。啤酒的迷人處，就在於它的溜口苦味和芳香，其會起泡沫，就是酒花的作用。⑤放入冷卻機內，加入酵母使其發酵。⑥放入貯藏槽內，約兩個月，讓其慢慢發酵。這時，槽內的溫度，需保持在攝氏〇～零下一度。如此，可飲用的啤酒就形成了。⑦過濾。⑧裝入瓶或桶內，用低溫殺菌。

以上是啤酒釀造概要。至第⑧階段，酒裝入桶後，若沒經過低溫殺菌，就是生啤酒。亦即，酵母還活著。

在歐美的超市裡，可買到罐裝的啤酒素（加入酒花的麥芽精）、啤酒酵母，只要照著說明書，一步步的做，約三個禮拜，就可享用自製的琥珀色啤酒。

剛做好的新鮮啤酒最好喝了。真羨慕那些能親手釀造啤酒的國家。

首先，儘量選用新鮮的啤酒。不要冰得過度。冬天時，攝氏八～十度，夏天時，攝氏六～八度為適溫。冰太久的啤酒，不易起泡沫，也無法享受其純純的芳香。開瓶後，有人會敲打瓶身。其實，這並沒有什麼意義，只是提高喝酒氣氛罷了。

酒杯應洗乾淨。髒的酒杯，會降低啤酒的味道。為防止香味溜逝，以七對三的比例，倒起泡沫的啤酒吧。

啤酒釀製法①

啤酒素在歐美的市場可購得。

在兩公升的熱水中，倒入罐裝的啤酒素。

煮的時間不宜過久，以免煮焦，沸騰後約5分鐘即可。

倒入塑膠桶內，加水，使其溫度降至攝氏18度到26度間。但所加之水不能超過27.5公升。

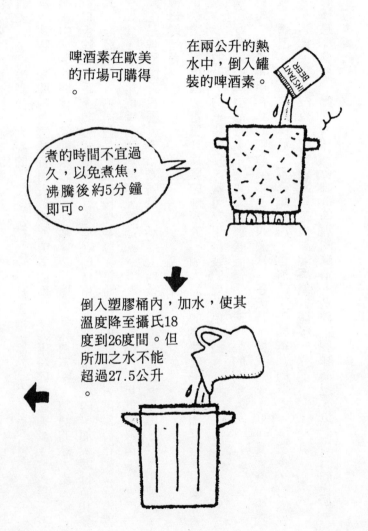

加入10公克的酵母，
使其發酵，蓋子需留
縫，讓二氧化碳釋出
。
七至十天，
發酵完成。
倒入瓶內，
每500 cc 加
2.5公克砂
糖。
SUGA

啤酒釀製法②

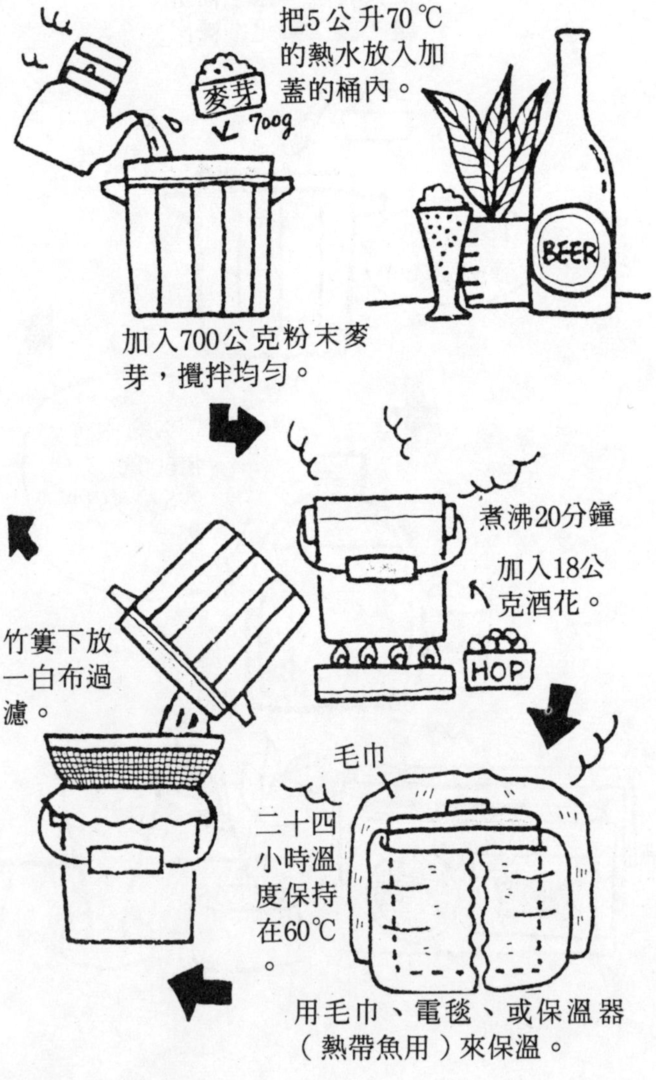
把5公升70℃
的熱水放入加
蓋的桶內。
麥芽
700g
BEER
加入700公克粉末麥
芽，攪拌均勻。
煮沸20分鐘
加入18公
克酒花。
HOP
毛巾
二十四
小時溫
度保持
在60℃
。
用毛巾、電毯、或保溫器
（熱帶魚用）來保溫。
竹簍下放
一白布過
濾。

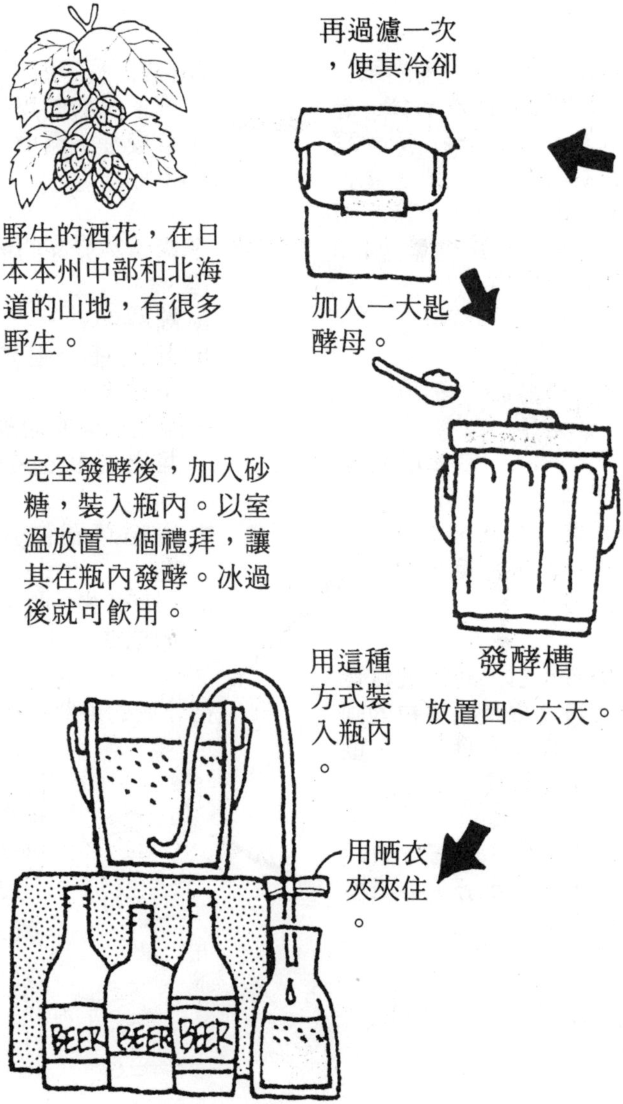
再過濾一次
，使其冷卻
野生的酒花，在日
本本州中部和北海
道的山地，有很多
野生。
加入一大匙
酵母。
完全發酵後，加入砂
糖，裝入瓶內。以室
溫放置一個禮拜，讓
其在瓶內發酵。冰過
後就可飲用。
發酵槽
放置四～六天。
用這種
方式裝
入瓶內
。
用晒衣
夾夾住
。
BEER
BEER
BEER

麥芽的製作法

準備好種子用的大麥。壓壞的麥不會發芽，需小心。

洗淨大麥，放入桶內水中，使其充分吸收水分。春秋時，浸漬二～三天。夏天只需浸一～二天，冬天則需浸三～四天。換水兩、三次，待其重量達1.5倍時，即OK。

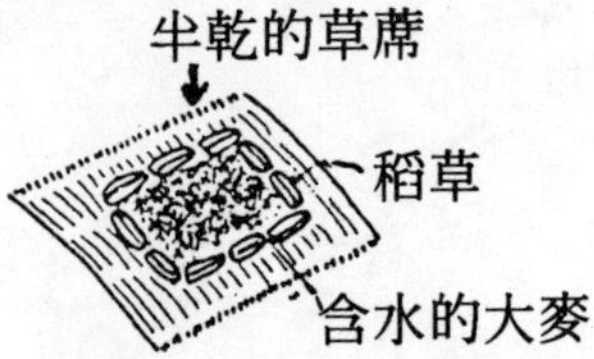
半乾的草蓆
稻草
含水的大麥

準備讓其發芽的稻草堆。

a.舖稻草。

b.其上舖一張半乾的草蓆。

c.浸在水中的大麥，堆放約10公分厚。

d.用稻草圍住其周圍。

e.上面再蓋一張半乾的草蓆。

一天灑三次水，使草蓆保持半濕程度，攪動大麥。

48小時左右，幼根就會發出。待幼根長為麥粒的兩倍時，即為「發芽」。取出，予以乾燥。

放入大鍋內，以慢火煮數小時，瀝乾水分，去掉根。

把乾燥的麥芽粉碎。

用石臼
用磨咖啡豆機
用瓶子
用果汁機

第五章　日本酒

濁酒是清酒的原點

未過濾成清酒前的酒，是白濁的濁酒。其未經洗練之味，相當令人回味。往昔，祭神之酒，都是自己誠心誠意，在家釀造而成的。

清酒的原點是濁酒。真正的濁酒，是自己親手在家釀造而成的。而現代大量生產的「濁酒」，味道自然與其相差很多。從前，酒是祭神不可缺少的珍貴祭物。用自己的血汗、努力種來的米，誠心誠意的親手釀造的酒，格外具有敬神之意。

其實，就如同在自家製造味精和醬油一樣，釀酒亦是極其自然之事。

在清苦時代的農家，並沒有多餘的米糧，但是，他們為了祭神，祝賀結婚，仍竭力的製造濁酒。由此可知，濁酒在當時，是甚為貴重的飲料。

下面將介紹最簡單的，釀造濁酒的方法。

白米三公斤洗淨、瀝乾水份。將米蒸至透明即可，放涼。

準備容器（木桶或可密閉的塑膠桶），其內裝六•五公升的水。另外，倒入一公斤的麴、兩大匙的酵母，再放入已放涼的蒸米。

每天攪拌一次。如此，可釀得約十公升的濁酒。

夏天約一個禮拜，冬天則需兩個禮拜，就可飲用。想要講究一點的人，可用下述方法。

洗淨四・五公斤白米，瀝乾水份，在容器內，倒入七・二公升的水。

把兩茶碗的飯裝入清潔的布袋，一起浸漬。一天攪拌一次，扭擠裝飯的布袋。

三天後就會發散出甜酸之味，有點類似酒的味道。它是由乳酸菌和酵母自然繁殖而成。

然後，把容器裡的水倒入有蓋子的容器裡（含量約二十公升）。取掉裝飯的袋子。

蒸煮剩下來的米，使其冷卻至與人的皮膚溫度一樣的程度。

將三公斤的麴，加入已冷卻的米中，攪拌均勻，裝入剛剛盛水的容器中。約第三天就會發酵，一個禮拜左右就能飲用。初期是甜甜的味道。兩個禮拜後，帶點辣味的真正濁酒就誕生了。這種做法雖較費時間，但與之前所介紹的「簡單的濁酒」相比，其味更佳。

葡萄的周圍，有自然的酵母菌附著。因此，只要壓扁它，它就會自然發酵，變成葡萄酒。日本酒的原料是米。加上麴菌，能使米的澱粉質糖化，這種糖能促進酵母菌發酵，變成酒精。釀造日本酒比釀造葡萄酒，需要更高度的技巧。

需注意的是，濁酒的後勁很強。由於好喝順口，會在不知不覺中多喝，等站起來時，才知已不勝酒力……。所以，請慢慢的喝它。

濁酒的簡單做法

洗淨3公斤白米，瀝乾水分，蒸至米變透明即可。

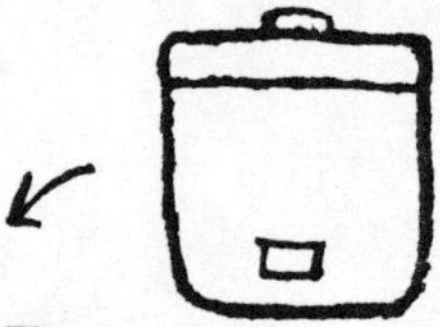

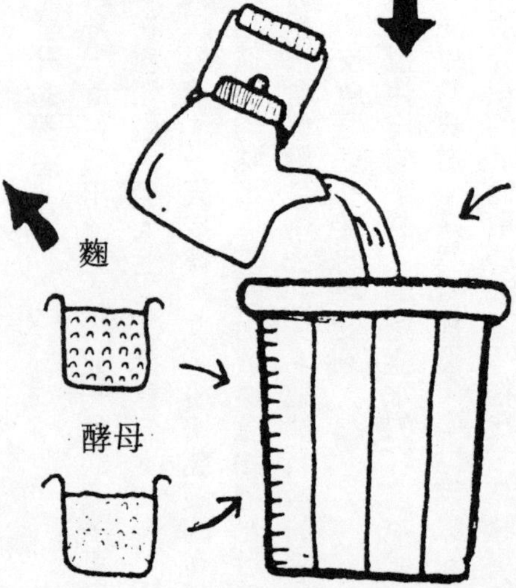

準備有蓋的容器（木桶或塑膠桶），裡面裝6.5公升的水。加入1公斤的麴和2大匙的酵母，再把已放冷的蒸米放入。

不要忘記每天攪拌
一次。

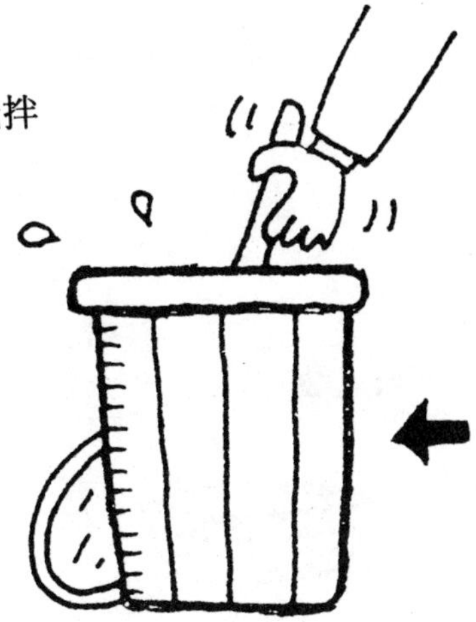

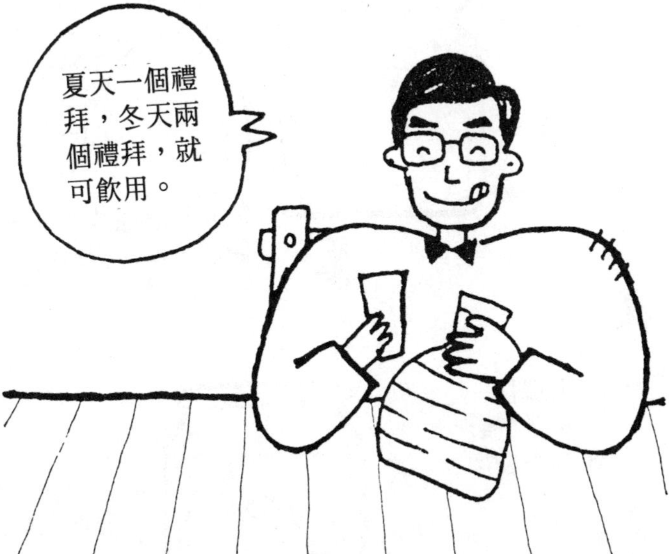
夏天一個禮拜，冬天兩個禮拜，就可飲用。

濁酒的費時製法

洗淨白米4.5公斤，瀝淨水分，放入裝有7.2公升水的容器內。

裝兩碗飯在清潔布袋裡，放入容器內，一起浸漬。

一天攪拌一次，扭擠裝飯的布袋。

三天後就會發散出甜酸味。

把容器裡的水和米分開。水倒入有蓋的容器內（約20公升）。米蒸熟。

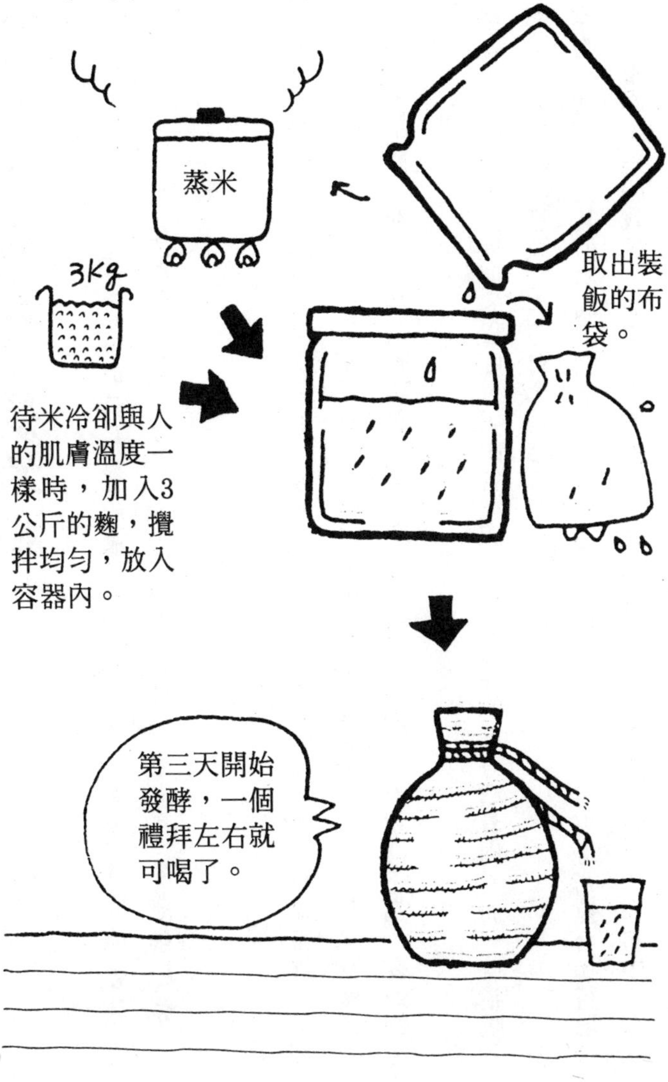
蒸米
3kg
取出裝飯的布袋。
待米冷卻與人的肌膚溫度一樣時，加入3公斤的麴，攪拌均勻，放入容器內。
第三天開始發酵，一個禮拜左右就可喝了。

釀造清酒的要點是米和水

清酒是由米和麴所釀造而成，其溫熱後再喝的方法，也是世上罕見。近來，人們嚐試用加冰塊代替溫熱的方法來喝……。

當今，清酒的名稱有四、五百個以上。顯見各地方所生產的數目之多，令人驚訝。各地均釀有富地方色彩的酒。其中，最著名的是「越之寒梅」，又被叫做名酒。因其品質優良，常常一推出就被搶購一空。由於很難購買得到，所以，有些愛喝酒的人就稱它為「夢幻的名酒」。

各地方所產的酒，受歡迎的程度，可由各酒店陳售上百種的地方酒看出。而一些嗜喝的人。也都熱心的打聽，哪家酒店售有哪些地方的酒哩！

日本的清酒和世上其他酒的不同處，在於釀造的原料，米和麴。這也是它擁有獨特風味的原因。以米為主食的我們，並沒有人覺得它的味道有何不妥。嗜酒的非日本人當中，有三分之一的人表示不好喝，據說，他們不習慣清酒的味道。亦即，他們不喜歡米和麴的味道。

當然，這只是部分人的看法。事實上，在夏威夷已設有製酒廠，而在加州，聽說喝日本酒已形成一股風氣。

清酒的定義為何？以米為原料，加入麴使其發酵所產生的酒。

而左右清酒味道的是米和水。

釀造清酒的米，並非我們每天所吃的食用米，而是另有特別之米。想要釀造上好酒味的清酒，就要用釀酒用的米，此種米種植在山上，尤其是高地的田裡。在重重相疊的山谷中，水質清澈、排水良好、日照充分，所栽培出的米質優良。由於並非食用，所以收穫並不多，因而相當昂貴。據說，日本山田錦品種的米最高級。

日本兵庫縣灘的水最出名了。為什麼此地的水特別好呢？因為它含有適合釀造清酒的成分。其成分包括了磷、鉀、鈣等，這些都可促進酵母活潑化或安定化，及防止有害菌侵入的作用。尤其是，它的磷含量特別多，這是其他地方的水，所不能比的。所以，有人說，以山田錦的米和灘的水所釀成的酒，是最理想之酒。

清酒要如何釀造呢？首先，把加了麴的米蒸熟，然後加入所謂的酒母酵母。再添加水，讓其發酵。日本酒的釀造法和他國的不同處是，發酵的過程和結果。

麴含糖化酵素，能從米分解出葡萄糖。而這種糖能促進酵母功能，使其發酵成酒精。糖化和發酵同時進行的酵造法，在外國是看不到的。並且，這種釀造法需非常仔細，要分三次來進行。為確實使其發酵，釀造日本酒，要特別小心進行。

約二十五天，就可發酵完成。然後，把它分出酒和酒粕。這時候的酒，和洗米水一樣，是白色的。接著，以攝氏六十度的熱度加熱，使酵母停止活躍。再倒入貯藏槽裡，讓其熟成。清酒就誕生了。

此乃以糖度相同的酒相比的情形，當酸的比例比標準高時，就表現出辣味，低的時候就表現出甜味。所以，並非糖度高就表示甜度高。糖度雖高，但酸度強，亦是辣的口味。

特級、一級的區別，是以酒精度高、低來決定。

特級是指十六～十七度（未滿），一級是指十五～十六度（未滿），二級是指十五度以上，未滿十六度而言。但，「酒類審議會」所認可的只有特級和一級，二級為不合格的酒。不過，有很多清酒並未參加審議會評鑑，所以，二級酒並不一定就是較差的酒。

紀元前約四千年時，人類最初釀造的葡萄酒誕生了。

把米放進嘴內咀嚼，再吐進容器內貯藏。這是最原始的釀酒法。

這樣怎能釀出酒來呢？因為米的澱粉，由於含在唾液裡的酵素作用，變成葡萄糖。在容器內，因自然發酵而變成酒。聽說，由處女擔任嚼米者的角色。

溫熱酒，是世上罕有的喝酒方法。

溫酒的溫度，以攝氏四〇度為宜。

溫過的酒，風味獨佳。

清酒的釀造法

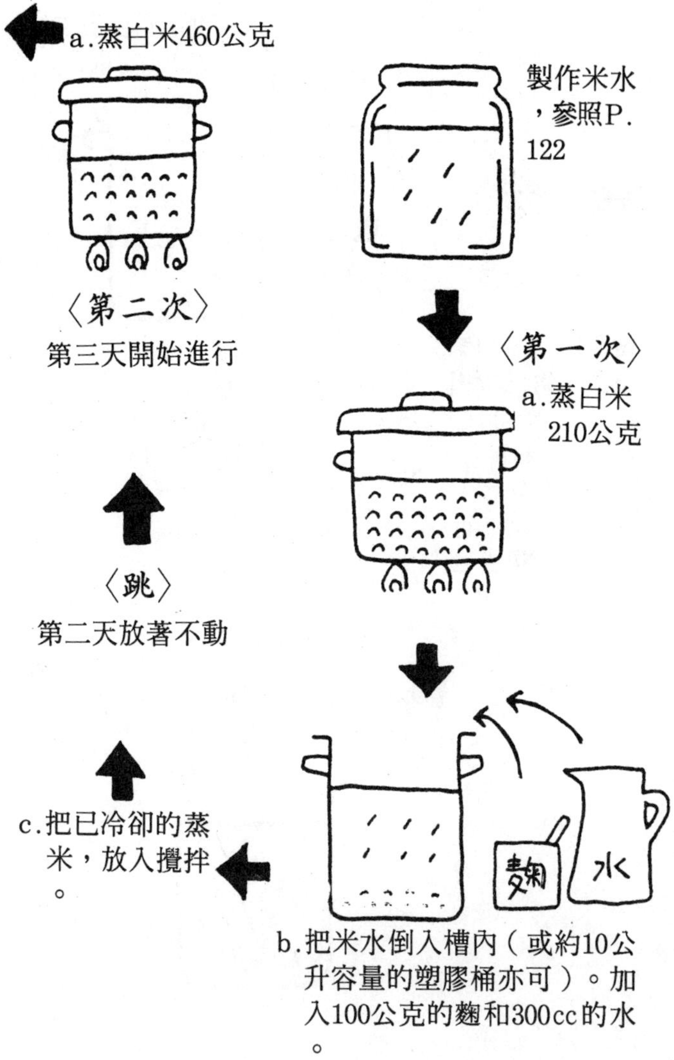
製作米水，參照P. 122
〈第一次〉
a.蒸白米210公克
b.把米水倒入槽內（或約10公升容量的塑膠桶亦可）。加入100公克的麴和300cc的水。
麴
水
c.把已冷卻的蒸米，放入攪拌。
〈跳〉
第二天放著不動
〈第二次〉
第三天開始進行
a.蒸白米460公克

b.加170公克麴、
720cc的水。

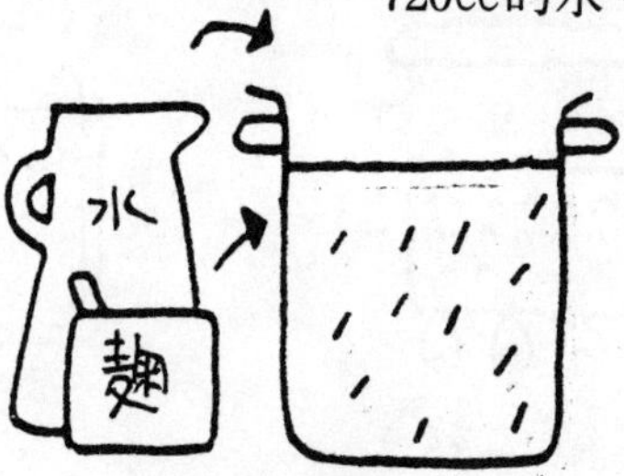

c.把冷卻的蒸米放入糟內，攪拌均勻。

〈第三次〉

釀造的順序和第一次、第二次相同。蒸米730公克，水220 cc。從第一次算起，第四天開始進行。至此，初步完畢。

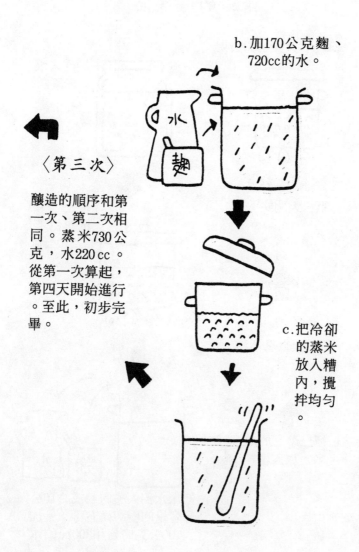

用布取出黏在槽內壁的米粒。

一天一次，掀蓋攪拌。

五、六天後，會起很多泡沫，此種情形約持續一個禮拜。此時，溫度應保持在攝氏20度左右。

不再起泡沫時，即表示發酵完畢。此時酒精度為18%～19%。

竹簍置在容器上，內覆清潔的布，以便過濾。過濾完後，用布包酒粕，絞汁。

將酒液裝入瓶內，渣會下沈，只要分出酒和渣，即大功告成。

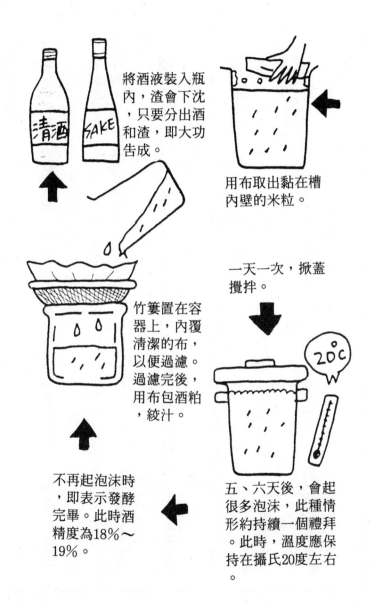

知識欄4

■用米釀成的酒，卻有著水果芳香，就是被稱為吟釀酒的美酒。含在嘴裡，會聞到如香蕉、蘋果的芳香，宛如是添加了果實一樣。

吟釀酒所使用的白米，是把釀造酒用的米，精製好幾次，最後去除約百分之六十的糠所成的。且是用低溫釀造而成的。這種酒是特別製來參加品評會的，產量很少，不易買到。

■感冒時喝的蛋酒，是在清酒中加蛋之意。再告訴你一個它的效用，要想肌膚光滑柔嫩，用清酒加蛋敷臉，特別有用。

蛋黃、蜂蜜、再加上少量的清酒，以其敷臉，再粗糙的肌膚，也會變得光滑柔嫩。

■用清酒洗澡，對健康很有幫助。

在浴缸裡倒些清酒（二級酒就可以），慢慢的浸泡，體內的新陳代謝會加速起來，有促進發汗之效。

洗澡後，汗會流很多，宛如是在洗三溫暖，洗後的清爽感受，不可言喻。又，洗臉時，加點清酒，可使皮膚永保光潤平滑。

第六章　蒸餾酒

種種的蒸餾酒

飯前、飯中、飯後……享用飲酒的方式有很多。但是，不論你喝酒的目的為何？蒸餾酒應是你最佳的選擇。

威士忌和白蘭地是蒸餾酒。而琴酒、柏帝加酒、萊姆酒等亦是。雖然風味、色、香味都不同，但製造法，基本上是相同的。

所謂的蒸餾酒，簡單的說，是把釀造酒（清酒、葡萄酒、啤酒等）加以蒸餾而成的。白蘭地是由葡萄酒蒸餾而成，威士忌是由啤酒（沒有使用酒花的啤酒）蒸餾而成的。蒸餾酒的酒精度高達百分之二十到五十，這也是它被稱為火酒的原因。一般人所說的烈酒，就是指這些蒸餾酒。在此，介紹其中幾種酒。

〈**威士忌**〉是大家最熟悉的蒸餾酒。它的特徵是：具有微微的燻煙香，紅茶般的色澤。蒸餾時當然是無色透明，在移到大桶後的數年至數十年間，才變成這種顏色。蘇格蘭威士忌的主要原料是大麥，加拿大威士忌的則是黑麥。酒精度皆為百分之四十左右。

〈**白蘭地**〉原料是葡萄，但也有一些是用別的果汁蒸餾而成。所以有「櫻桃白蘭地」、「蘋果白蘭地」等之分。十二、三世紀左右，由葡萄酒蒸餾而成的白蘭地問世。它芳醇的香味、琥珀顏色，極受人喜愛。

〈**柏帝加**〉為蘇聯生產之酒。其原料有小麥、大麥、玉米。蒸餾後，無色透明，接近無臭。與威士忌不同，味道很單純。酒精度高達百分之四十到六十，是有名的烈酒之一。

〈**琴酒**〉以大麥為原料的蒸餾酒，再加上杜松的果實，是荷蘭琴酒。以大麥、玉米等穀類所製造的蒸餾酒，加上杜松的果實、香草、柑橘類果皮，再蒸餾而成的英國倫敦琴酒，此乃琴酒兩種類型的代表。前者適合直飲，具有獨特味道。後者口味較辣，通常被稱為辣琴酒。酒精度為百分之四十五。

〈**龍舌蘭酒**〉墨西哥的特產酒。原料是龍舌蘭的樹液。無色，具獨特香味，酒精度為百分之四十五左右。

〈**萊姆酒**〉砂糖的糖蜜、或甘蔗汁所蒸餾而成的酒。原產於西印度群島。有濃褐色、無色透明淡白味道、兩者中間琥珀色等三種類型。香味獨特，常被做為蛋糕和菜肴的佐料。又，雞尾酒也少不了它。酒精度為百分之四十至七十五。

〈**茅台酒**〉中國的白酒（蒸餾酒）。讓大麥在泥土中發酵後再蒸餾，其製法相當獨特。是世界上酒精度最高的蒸餾酒（百分之五十三到七十）。是中國的代表酒。

上述介紹之蒸餾酒雖各具特色，但製造法略同。其中，無色的柏帝加和琴酒等，是調雞尾酒必備之酒，也是製造利口酒不可缺之酒。因其無色透明，所以是名符其實的白酒。

燒酒的種種做法

使用琉球泡盛的蒸餾裝置方法（正式派）。

燒酒

放上去底的桶。
在桶上放盛水的鍋。
把裝有酒或濁酒大鍋，放在灶上。
在桶側插一竹筒。竹筒的一端放置漏斗。
竹筒
瓶
水
漏斗
蒸發
酒、濁酒

點燃灶火，酒一熱，酒精就會蒸發，遇到上面的鍋會冷卻，變成液體。液體掉入漏斗，經過竹筒，流入瓶中。

使用蒸器的蒸餾法

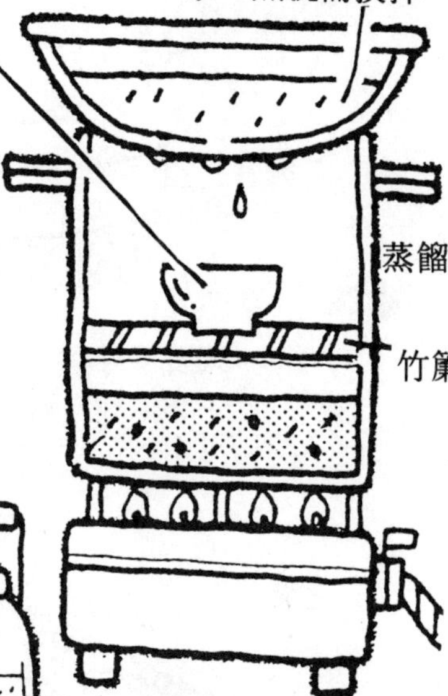
鍋內放水是為使
蒸發的酒液化，
水一熱就需換掉。
蒸餾的酒
精，滴入
器皿內。
用這種方法，簡單
地能製造燒酒，但
其缺點是，器皿裡
的燒酒會再度氣化。
蒸餾器
竹簾

利用茶壺的蒸餾法

把酒、濁酒裝入
茶壺，用火燒。
酒的分量不可超
過茶壺的倒口。
2～3公尺的橡
皮管。
蒸發的酒精經過橡
皮管，被冷器液化。
瓶子

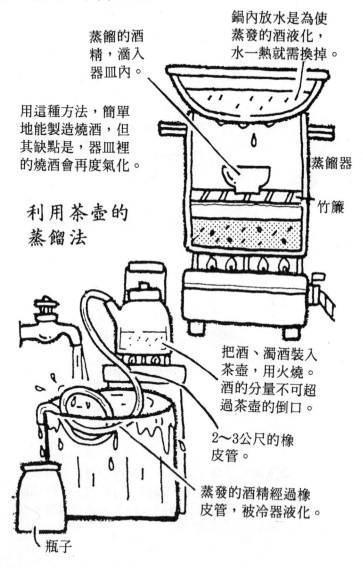

麥燒酒的做法

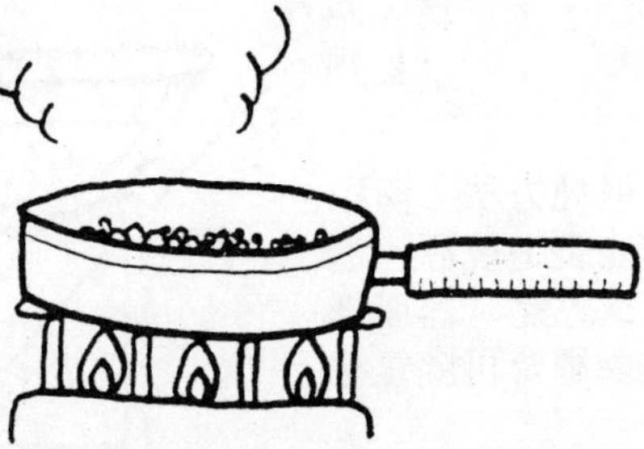

大麥（小麥亦可）1.8公升，放在平底鍋炒（若麥子很硬，用蒸的亦可）。

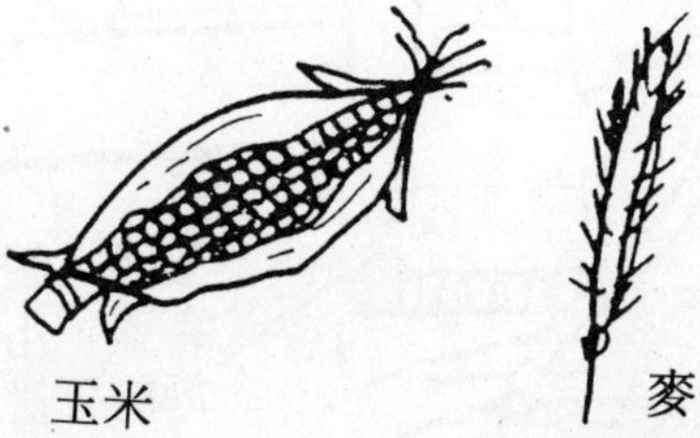

什麼都能成為燒酒的材料。

※玉米、芋等，只要含有澱粉的東西就可做成濁酒。一般說來，都加上材料的三、四成的麴，和與所有材料同量的水，就可發酵。蒸餾濁酒就成燒酒了。

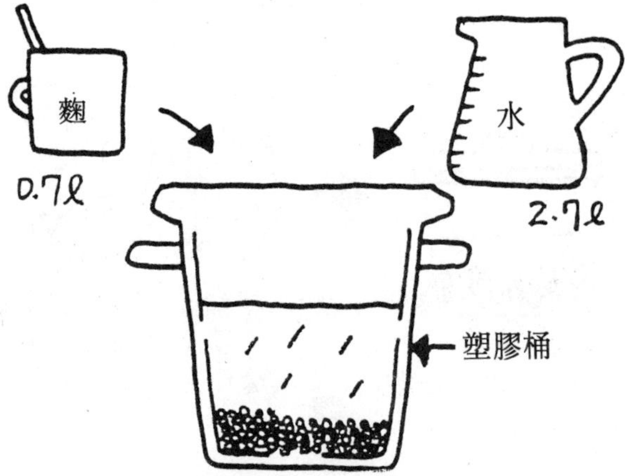

加入0.7公升的麴和2.7公升的水，
一～二個禮拜後就能製成濁酒。

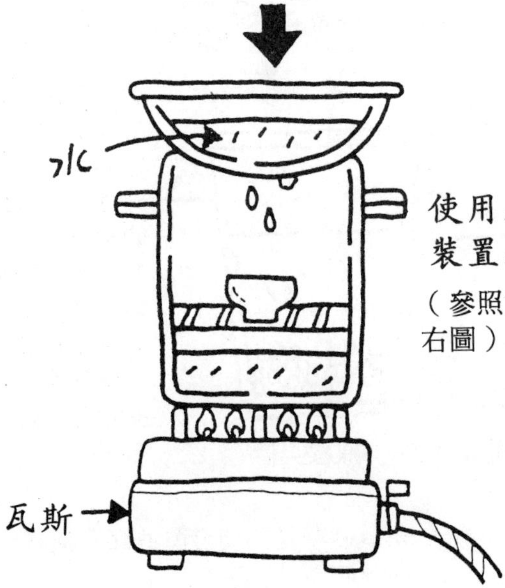

使用蒸餾裝置蒸餾
（參照135頁右圖）。

馬鈴薯燒酒的做法

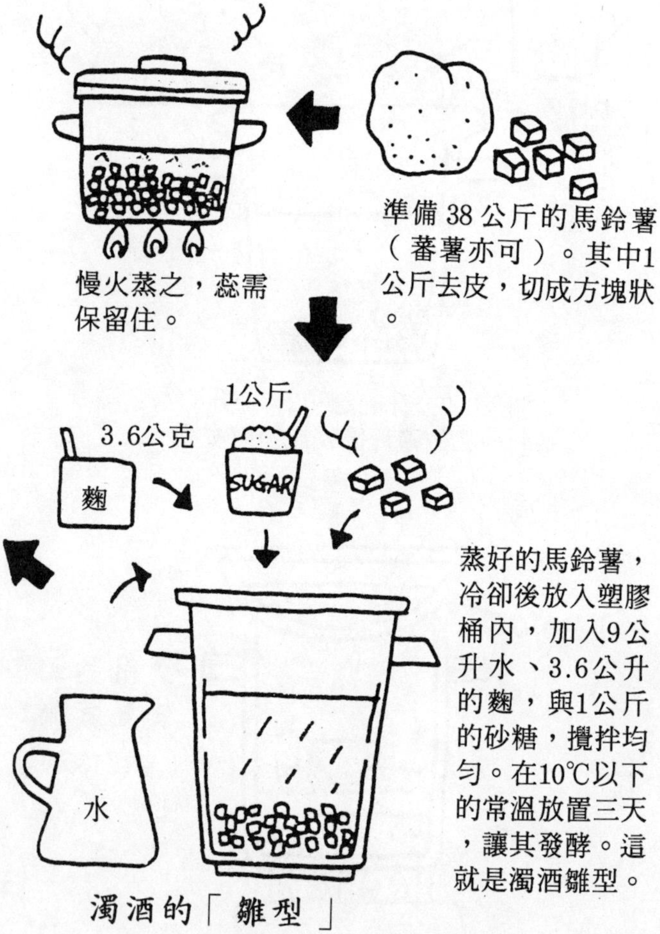
準備 38 公斤的馬鈴薯（蕃薯亦可）。其中1公斤去皮，切成方塊狀。
慢火蒸之，蕊需保留住。
1公斤
3.6公克
麴
SUGAR
蒸好的馬鈴薯，冷卻後放入塑膠桶內，加入9公升水、3.6公升的麴，與1公斤的砂糖，攪拌均匀。在10℃以下的常溫放置三天，讓其發酵。這就是濁酒雛型。
水
濁酒的「雛型」

※放砂糖是為使發酵能順利進行。

三天後，蒸剩下的27公斤馬鈴薯。蒸好後放入桶內，加入前面做好的濁酒雛型。
加入5.5公升的麴，放置七～十天，讓其發酵。馬鈴薯濁酒就製成了。
麴
再讓其發酵一個禮拜，可增加酒精濃度。
馬鈴薯燒酒
38公斤的馬鈴薯可做7～12公升的燒酒。
蒸餾（參照P134）
馬鈴薯燒酒

白蘭地的製法

〈實驗儀器方式〉

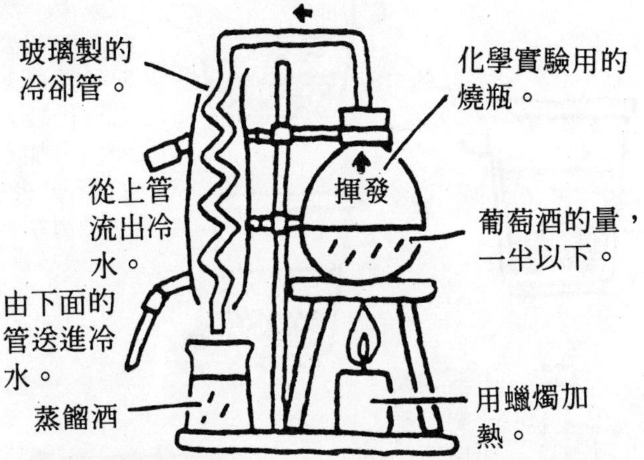
玻璃製的
冷卻管。
化學實驗用的
燒瓶。
揮發
從上管
流出冷
水。
葡萄酒的量，
一半以下。
由下面的
管送進冷
水。
蒸餾酒
用蠟燭加
熱。

使用實驗儀器裝置，含有酒精成分的任何液體，都能蒸餾。

白蘭地的製造裝置

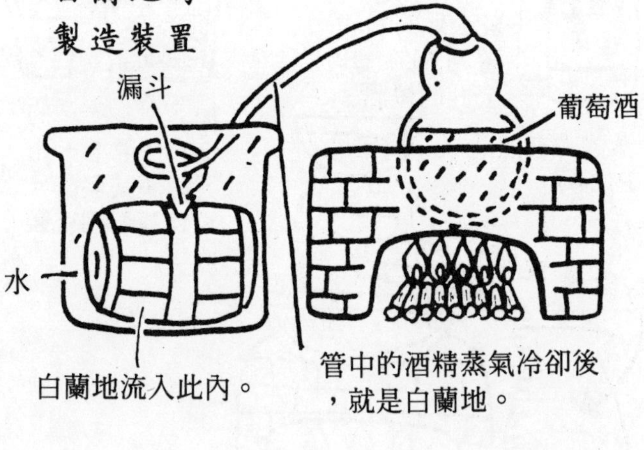
漏斗
葡萄酒
水
白蘭地流入此內。
管中的酒精蒸氣冷卻後
，就是白蘭地。

模仿法國的蒸餾裝置的自家製的裝置

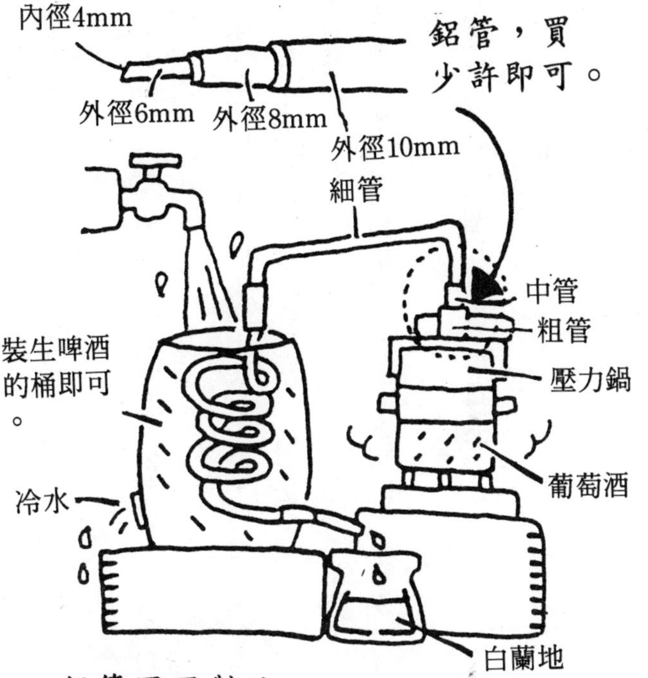
內徑4mm
鋁管，買
少許即可。
外徑6mm
外徑8mm
外徑10mm
細管
中管
粗管
裝生啤酒
的桶即可
。
壓力鍋
冷水
葡萄酒
白蘭地

鋁管圈圈製法
（屬於中間部分）

捲在一般
酒瓶上即
能做成。

知識欄5

■白蘭地的瓶上，均示有貯藏年份的表示法。每個製造廠的表示法不同，但大致情形如下：

V‧O／12～15年，V‧S‧O／15～20年，V‧S‧O‧P／25～30年，X‧O／40～50年。

■大家所熟悉的威士忌的英文拼法有兩種，你可曾注意到？美國製的是拼Whiskey。蘇格蘭、加拿大、日本的是拼Whisky，稍有不同。

■聽說雞尾酒是在一百年前，由美國人發明的。當時，有很多人不敢喝酒精度高的酒，於是在酒裡加上果汁和碳酸。可能，當時的美國尚沒有自己的國酒，所以想創造獨自的喝法吧。

■香醇的白蘭地——酒杯宜用窄口寬底型。用手掌握住酒杯喝，手溫會使芳香更發揮。若加水喝，香味會減弱，所以，應直接飲用。

第七章　利口酒

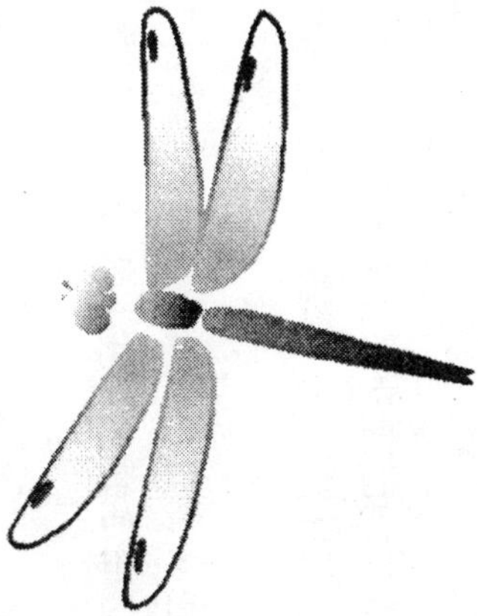

親手製造的利口酒是燒酒

梅酒是日本的利口酒，不論是加冰塊、或直接飲用，味道都相當棒。四季如春的台灣，擁有很多釀酒的素材。每一家都釀一瓶，如何呢？

所謂的利口酒（Liqueuv）是指在酒精裡，加上香料（果實、花、莖、藥草等）、糖分、色素等，釀成的混合酒。

添加的果實、花、砂糖等，都是有甜味的東西，所以，利口酒相當甜。此外，若使用的酒精濃度高的話，亦可變為烈酒。通常它被當做飯後酒。它也是調雞尾酒不可少的材料。利口酒具有滋養強壯之效，是相當好的酒。

酒是釀造而成的，如：葡萄酒、啤酒、清酒等，也有酒精度高的蒸餾酒，如：威士忌、白蘭地、琴酒、萊姆酒、柏帝加等。燒酎是日本的蒸餾酒，最適合用來釀造親手做的利口酒，因為它不會破壞果實、花、藥草等的香味。燒酎有甲類和乙類兩種。

①甲類燒酎＝一般稱為白利加酒，酒精度有二〇度、二五度、三〇度、三五度等多種。由於純度高，沒有色、香、味，最適用於釀造利口酒。

②乙類燒酎＝別名正式燒酒，酒精度有二〇度、二五度、三五度、四〇度、四五度等多

種。原料為芋、米、蕎麥、粟、黑糖等，是具有獨特風味的酒。若以其為原料，就能釀出更富有個性味的利口酒。

在家裡釀造利口酒所用的酒精度，以三五度最適宜。若在一五度以下，材料恐會腐敗，所以，不要使用濃度低的酒精才是上策。本書中，亦將介紹以萊姆酒為基礎所釀得的酒。

利口酒的原料是果實和藥草。此外，也有以咖啡、紅茶、牛奶、蛋等為原料。各種利口酒，皆有其獨特的香味、風格、酒精度及藥效，它的魅力就在因使用原料的色彩不同，而有不同的顏色。至於，使用哪種果實較好呢？

①比較酸的。此種果實較能釀出具有獨特韻味的酒。同時，也較不會釀製失敗。未成熟的果實，酸味較強，隨著果實日益成熟，酸味會減弱，甜味和香氣會增強。用酸味強的柑橘類釀造，幾乎不會失敗。草莓、花梨等，甜味較高的果實，則需小心。

②新鮮沒有受損的。被蟲咬過的果實，本身味道會降低，所以要格外遵守此點。

③水洗後，要充分擦乾水分。否則，釀出的酒會較薄淡。

生產利口酒的酒廠，依其原料，各賦予不同的名稱。

擁有利口酒女王尊稱的夏荳（Chartreuse）由十五種以上的藥草和白葡萄酒所釀成，被舉為世上最高品味的白尼帝克丁（添加紅茶和藥草釀成的）。其他的尚有：苦艾酒、甘桂酒，櫻桃酒（德產），櫻桃酒（義產），以及日本的梅酒等等。利口酒被認為「不是為喝醉而喝的酒」。它是讓飲者慢慢飲用，享受其色、香、味的酒。

在此，我將介紹使用葡萄酒以外的酒精所釀成的酒。

柳丁皮釀的利口酒

柳丁

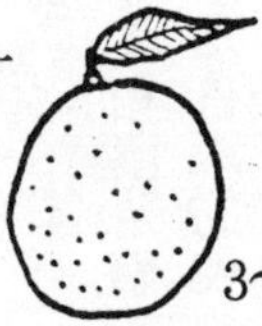

3～4個月

洗淨柳丁，擦乾水分，把皮剝下，放入微波爐內，以弱火乾燥之。（爐門不要關）

把乾燥的皮放入廣口瓶內，加入萊姆酒。

柳丁皮　五個份
萊姆酒　一公升
糖漿　1/4公升

柳丁的原產地是亞洲東南部。據說，已有二千年以上的歷史。

十五世紀初，經義大利通商者，由陸路傳入西歐。另一方面，自好望角的航路發現後，中國的優艮品種由此途徑傳入西歐。日本則是在明治以後，由南方輸入。

有名的柳丁利口酒，是用柳丁皮釀成的。

南美的基拉索島所種植的柳丁果皮，香味最佳，讓島亦以此聞名。以雞尾酒杯盛之，直飲，味道美極了。

用過濾器過濾，加入砂糖，攪拌均勻，浸漬六個禮拜後，再次用過濾器過濾，裝入瓶中。

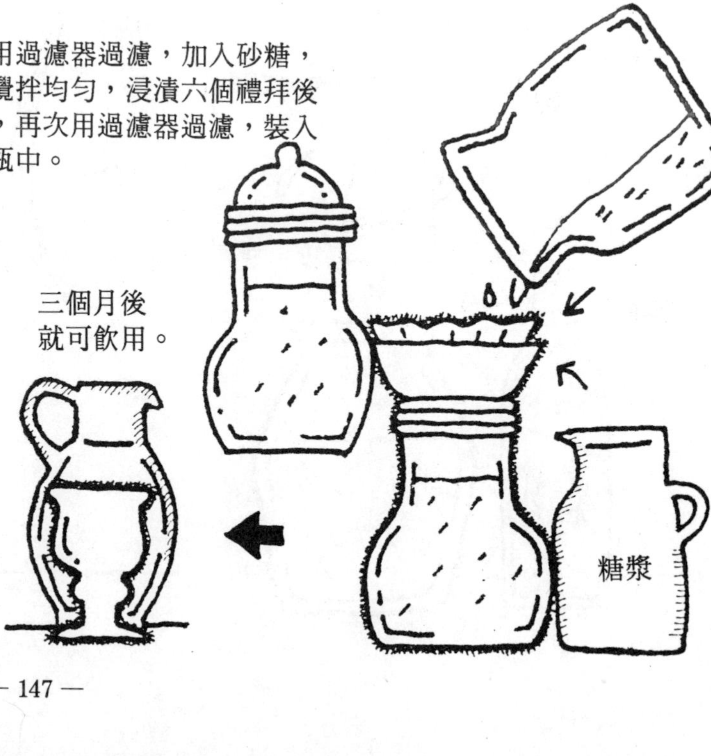

香草利口酒

把所有材料放入廣口瓶，加½公升的水。

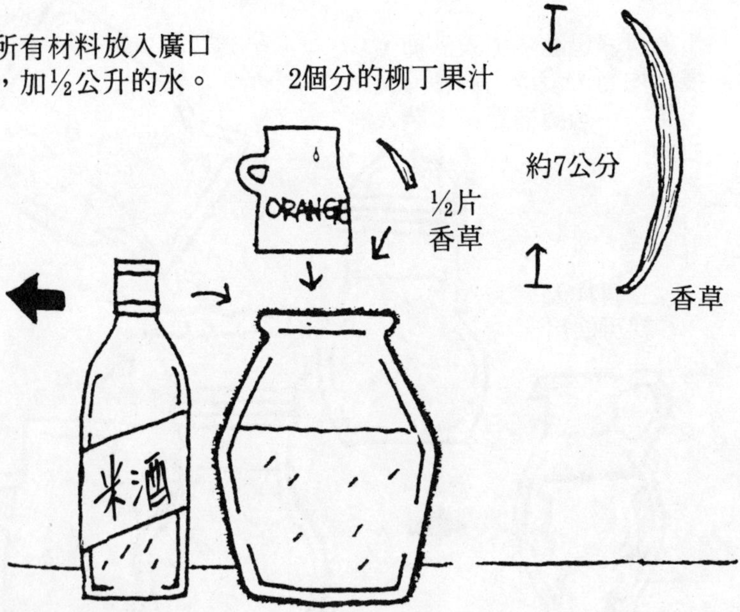

米酒　½公升
砂糖　二五〇公克
柳丁汁　二個份
香草　½片

具有獨特香味的香草，從墨西哥到巴西一帶的熱帶林，到處野生著，莖的直徑約一・五公分。由節處會發出粗的氣根，攀附在別的樹上，能長到十公尺高以上。香草樹會結像豆子形狀的果實，以它為原料，所製出的就是香料香草，顏色為濃褐色。

一般所謂的香草果，是指乾燥後的未成熟香草果實而言。

香草利口酒對月經不順和歇斯底里，有很好的療效。

用布過濾後
裝入瓶內。
香草
利口酒
搖動瓶子，
放置六個禮
拜。
六個月後就能
飲用。

紫花地丁利口酒

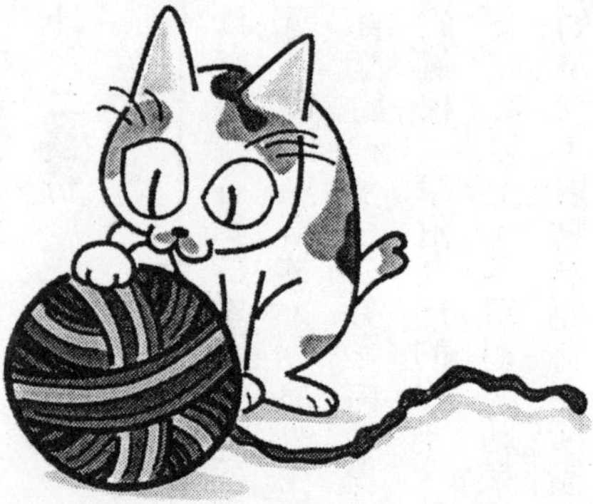

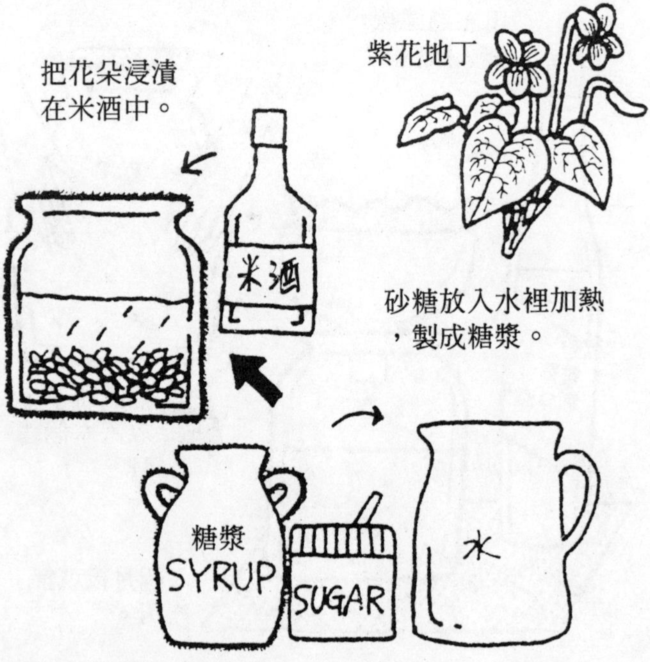
紫花地丁
把花朵浸漬
在米酒中。
米酒
砂糖放入水裡加熱
，製成糖漿。
糖漿
SYRUP
SUGAR
水

紫花地丁　一八〇公克
米酒　¾公升
砂糖　三七五公克
水　一杯

春天，紫花地丁在原野、庭院等地，怒放著可愛的花朵。

在德國和東歐，紫花地丁象徵著春天的來臨。紫花地丁的花朵，是砂糖菓子的主要原料。

紫花地丁因耐寒、繁殖力強，處處可見。

紫藍色的紫花地丁利口酒，適合直飲。具有利尿、降血壓之效。

待變成紫藍色後，用布過濾，加入糖漿。

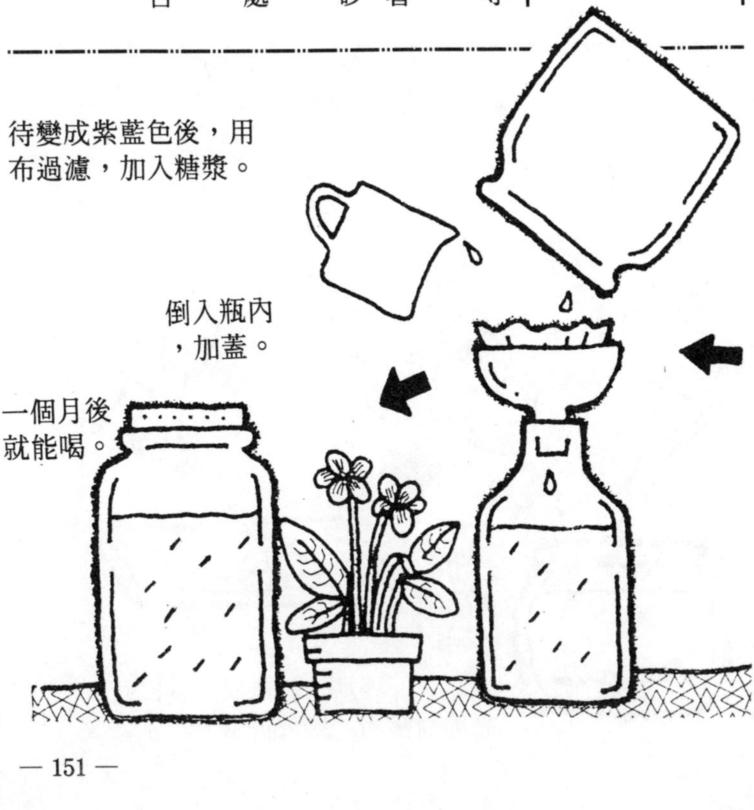
倒入瓶內，加蓋。
一個月後就能喝。

木蓮利口酒

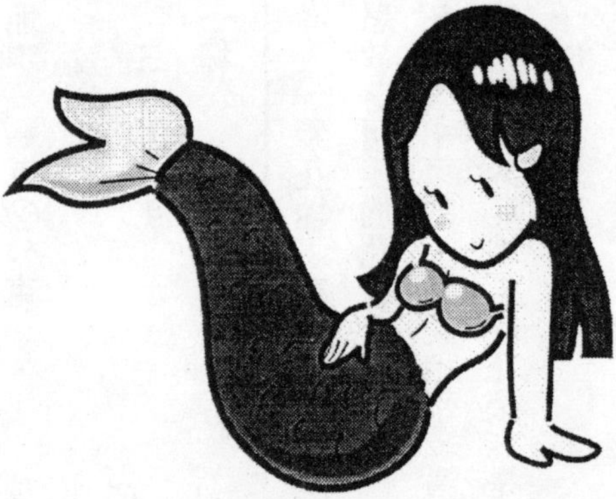

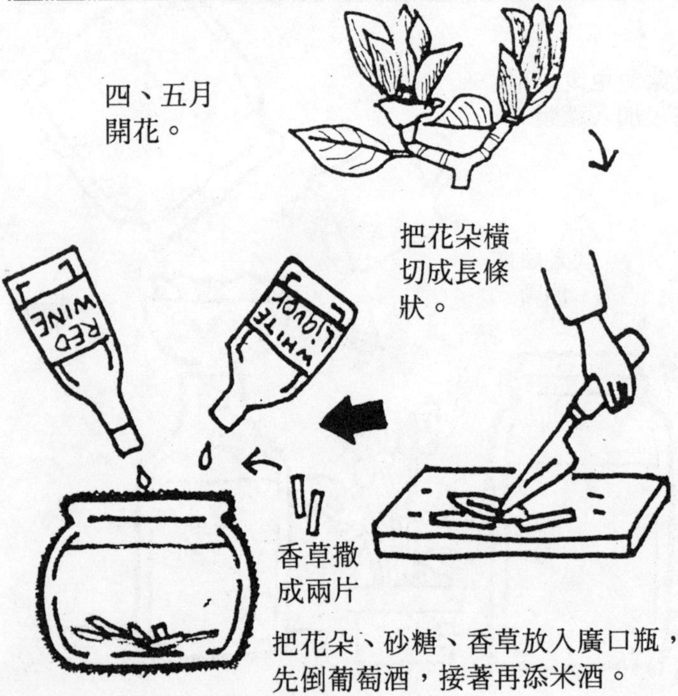

四、五月
開花。

把花朵橫
切成長條
狀。

香草撕
成兩片

把花朵、砂糖、香草放入廣口瓶，
先倒葡萄酒，接著再添米酒。

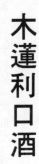

剛摘下的木蓮花　1朵
紅葡萄酒　¾公升
米酒　〇・四公升
砂糖　三五〇公克
香草　一片

春天，肉厚大朵的花，會較葉子先開放的木蓮，原產地中國，是一種很高貴的花木，常被種植於宮殿或寺院的庭院。紡錘形的花蕊，不久後就會盛開成美麗的花朵，摘下一朵浸漬在酒中吧！木蓮花對鼻炎和蓄膿症很有療效。香味甚濃的木蓮花，白色的花朵尤其濃烈。若想享受濃郁香味的木蓮酒，就選用白色花朵為材料，若想享受視覺之美，就選用紫色的花。

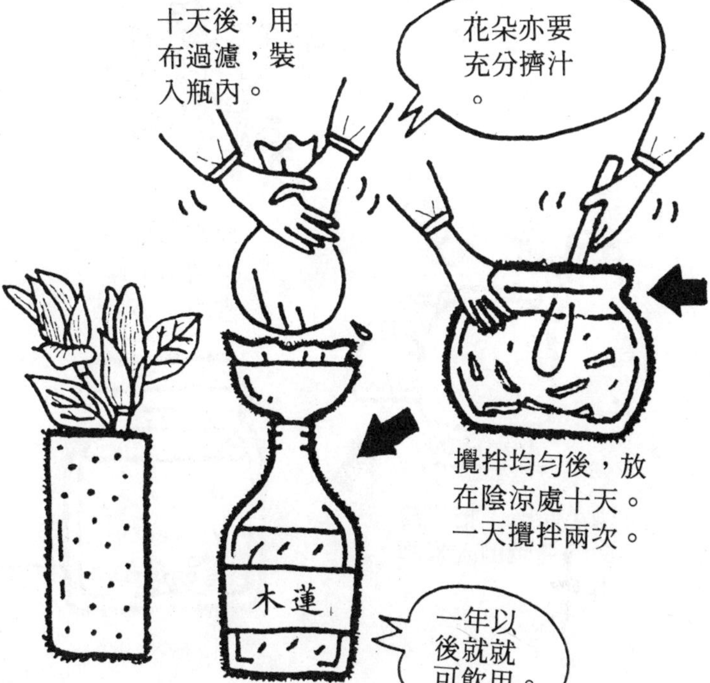
花朵亦要
充分擠汁
。
攪拌均勻後，放
在陰涼處十天。
一天攪拌兩次。
十天後，用
布過濾，裝
入瓶內。
木蓮
一年以
後就就
可飲用。

茉利花利口酒

把花朵浸漬在
米酒中，瓶子
密閉。

兩小時後，把已冷
卻的糖漿倒入米酒
中。

新鮮的茉莉花　一二五公克
米酒　一公升
糖漿（砂糖五〇〇公克加水¼公升）

茉莉花常被栽培用於觀賞之用。依栽培種類，原產地有喜馬拉雅、中國、阿拉伯等。其中，阿拉伯所栽培的茉莉花，是自古以來有名的香料原料。此外，也有以此種花製成的花茶。用這種花釀製的利口酒更棒。

其獨特的芳香，是來自於白色小花。沒有一種酒的香味比得上它。先栽培這種花，再以它來釀酒吧。

除適合直飲外，亦可加上蘇打，製成茉莉蘇打酒，味道也相當不錯。

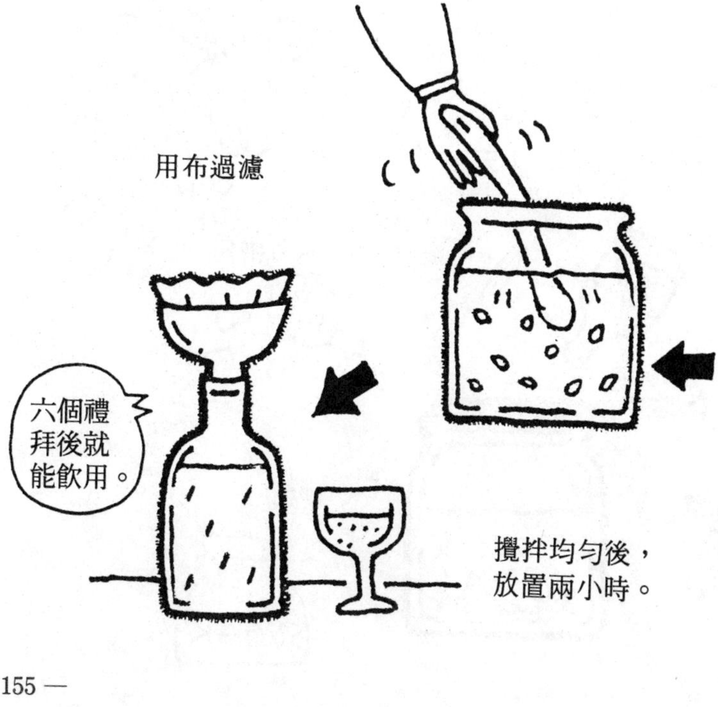
攪拌均匀後，
放置兩小時。
用布過濾
六個禮拜後就能飲用。

胡桃利口酒

去除澀皮，切成四塊，放入廣口瓶內。再加入水以外的其他材料，時時攪拌，浸漬四十天。

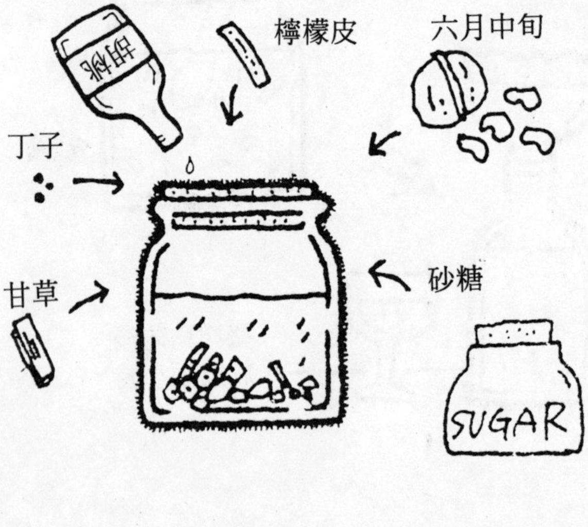

青胡桃　二五個
米酒　½公升
砂糖　七〇〇公克
丁子　三個
甘草　一片
水　〇・四公升
檸檬皮　一個份

胡桃木是落葉大木。果實在秋天成熟，圓的黃綠色果實，表面上有密密的毛。

胡桃的果實是很受人歡迎的水果，因為它含有高成分的脂肪和蛋白質，營養價值頗高。使用的胡桃，以在六月中旬即採下的未成熟果實為佳。以它來調雞尾酒，風味尤其獨特。

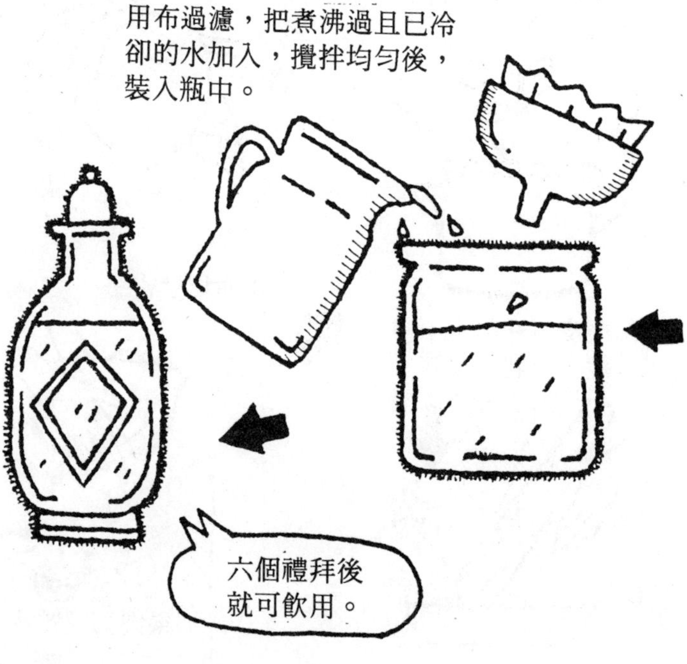
用布過濾，把煮沸過且已冷卻的水加入，攪拌均勻後，裝入瓶中。
六個禮拜後就可飲用。

杏子利口酒

杏子
六～七月收穫
用布擦拭杏子
把果肉切成四塊
壓扁種子，取出裡面的核（十個分）。
去除薄皮，在熱水中浸三分鐘，用乳棒搗碎。

杏子　四〇〇公克
杏子種子　十個
杏子核　十個
米酒　一公升
砂糖　一五〇公克
丁子　二個
甘草　一片

原產地為中國。其種子被稱為「杏仁」，是有名的中藥。

果實能生吃，但一般是以醃漬砂糖的方式出售。超市內亦有售乾燥的杏子，是下酒的好點心。

杏子酒帶點酸味，氣味清香，顏色是漂亮的琥珀色。最適宜做飯前酒飲用。

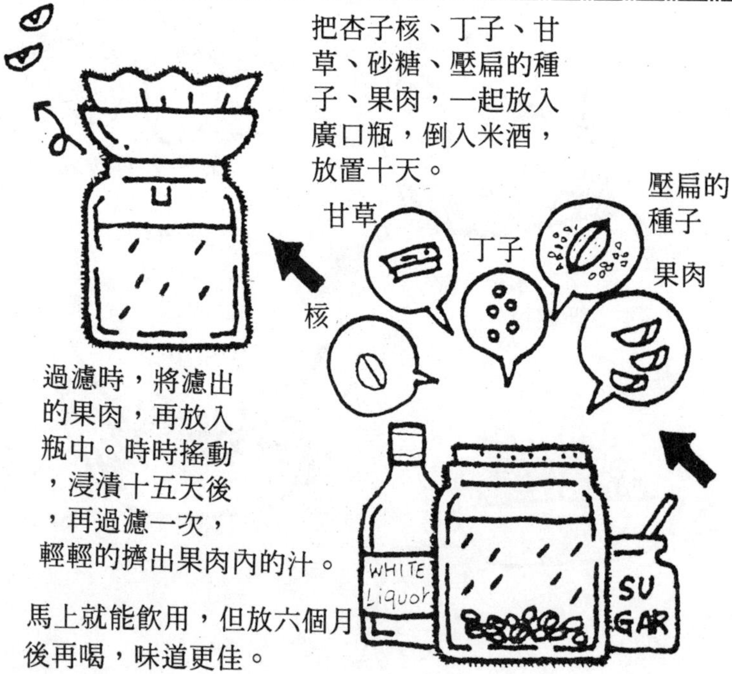
把杏子核、丁子、甘草、砂糖、壓扁的種子、果肉，一起放入廣口瓶，倒入米酒，放置十天。
壓扁的種子
甘草
丁子
果肉
核
WHITE Liquor
SUGAR
過濾時，將濾出的果肉，再放入瓶中。時時搖動，浸漬十五天後，再過濾一次，輕輕的擠出果肉內的汁。
馬上就能飲用，但放六個月後再喝，味道更佳。

草莓利口酒

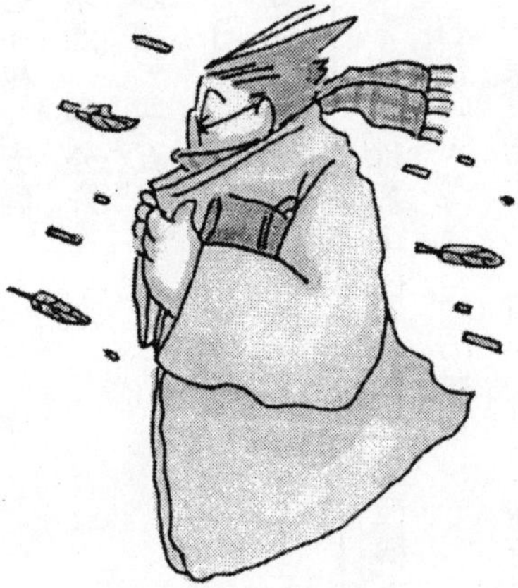

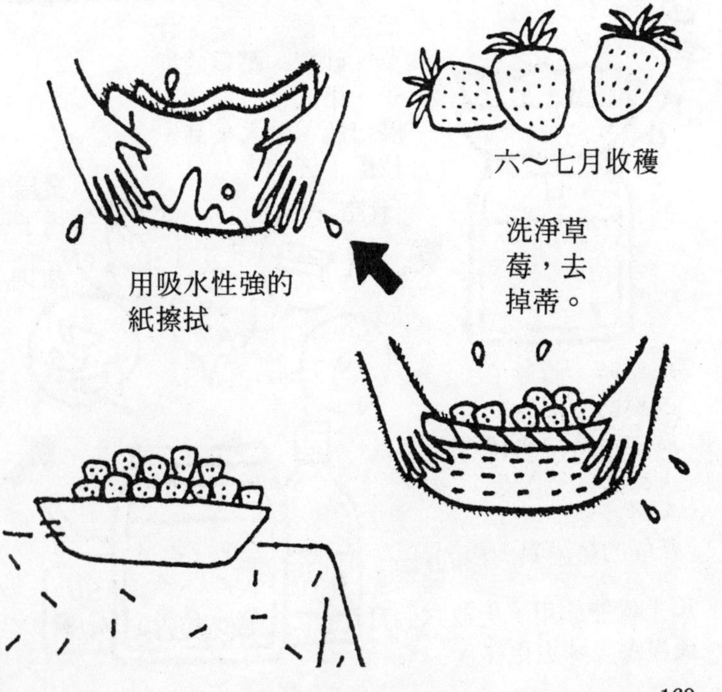
六～七月收穫
洗淨草莓，去掉蒂。
用吸水性強的紙擦拭

草莓　一公斤
砂糖　五〇〇公克
米酒　一公升
粉狀丁子　少許

近來多被栽培於溫室中，即使在冬天，也能吃到它。原本草莓是告知人們，春天來臨的水果，經過漫長的冬天，草莓以漂亮的紅色，迎接亮麗的春天到來，看見它，就讓人歡喜。

草莓是大是小都無所謂。重要的是需在適合的季節中使用它。只要不加熱，它所含的維他命C就不會被分解，所以，對健康來說，它是很好的水果。由於本身就有甜味，因此，砂糖不宜放多。草莓顏色一變就予取出，一個月後就能喝了。

換裝至瓶內，馬上就能飲用，但三個月後再喝，更具美味。
在米酒浸漬四週，一旦草莓變色，就予取出。
米酒
丁子
SU
GAR

菩提樹利口酒

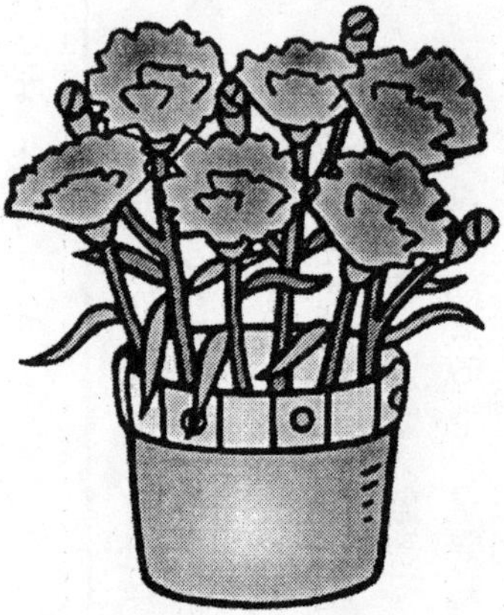

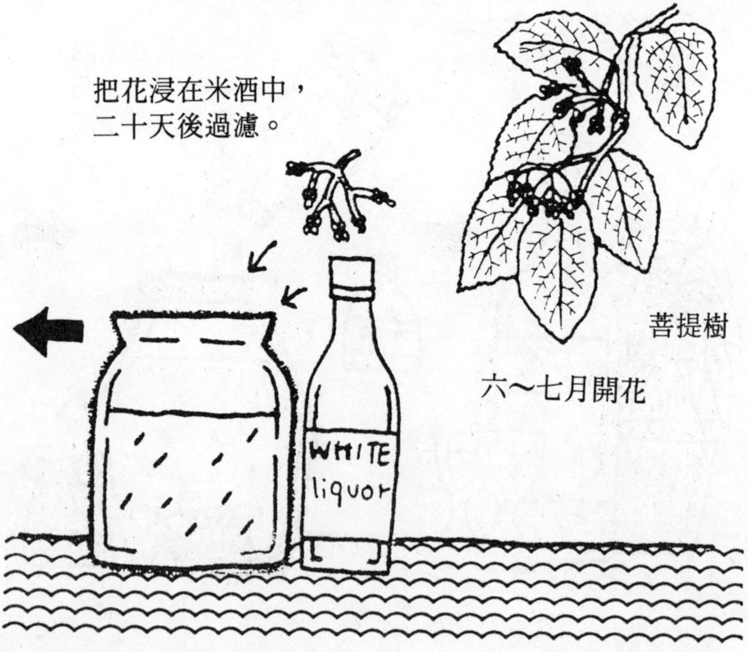
把花浸在米酒中，
二十天後過濾。
WHITE
liquor
菩提樹
六～七月開花

菩提樹的花　約一手掌所抓之量
米酒　一公升
砂糖　三〇〇公克
水　一杯

傳說，釋迦牟尼就是在菩提樹下成佛的。屬於桑科的菩提樹，也因而被佛教徒和印度教徒，視為神聖之木。古歐洲的人們，也深信這種樹具有神聖之力。中世紀時，結婚儀式亦多在此種樹前舉行，以誓彼此的忠誠。

菩提樹利口酒所用的材料，不是桑科的菩提樹花，而是級木的花。在歐洲，處處可聞舒伯特所著的「菩提樹」之歌。此種酒的香味很濃，很適合當飯後酒飲用。

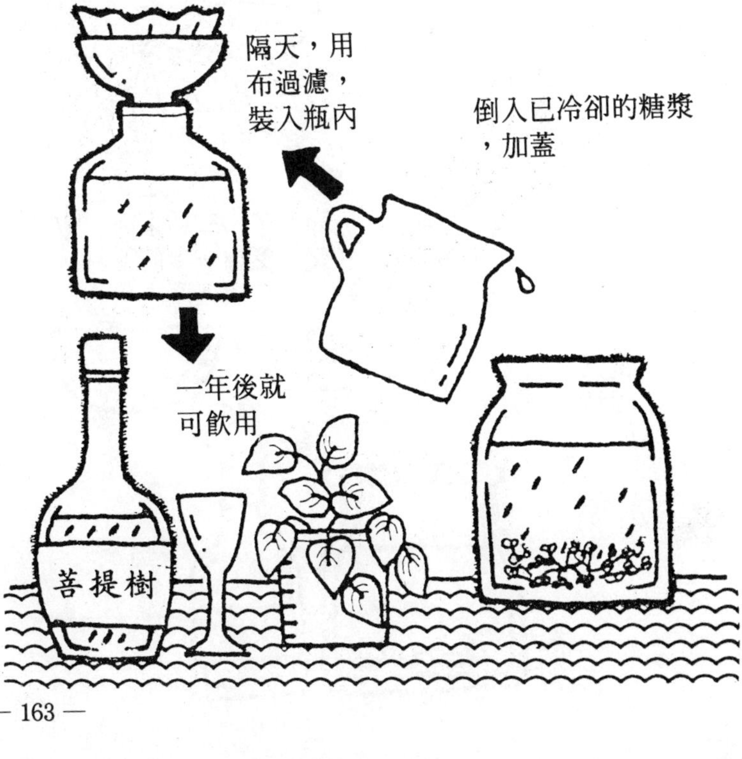
隔天，用
布過濾，
裝入瓶內
倒入已冷卻的糖漿
，加蓋
一年後就
可飲用
菩提樹

櫻桃利口酒

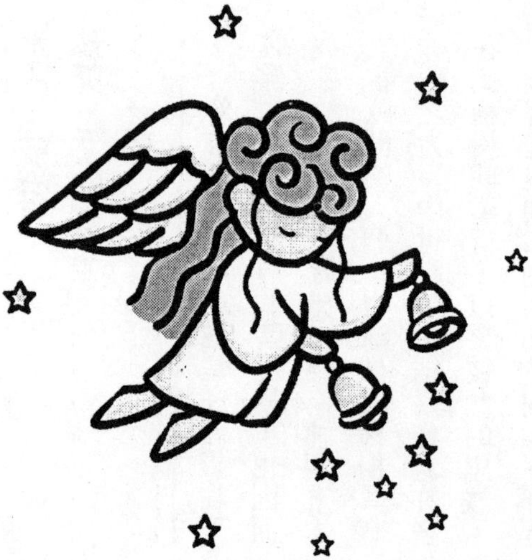

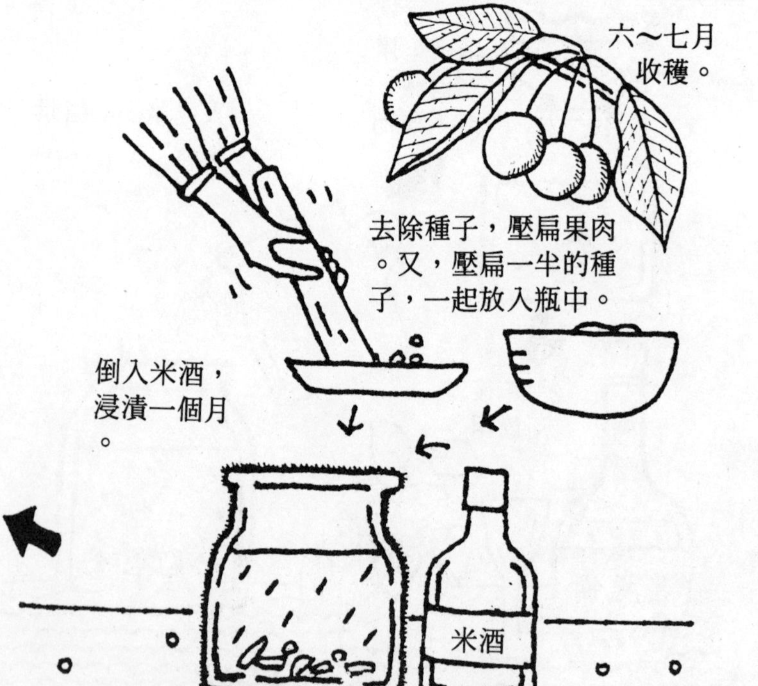
六～七月
收穫。
去除種子，壓扁果肉
。又，壓扁一半的種
子，一起放入瓶中。
倒入米酒，
浸漬一個月
。
米酒

黑櫻桃　一公斤
米酒　一公升
砂糖　三五〇公克

櫻桃樹上的果實，自然叫櫻桃，但，一般我們所稱的櫻桃，是指被栽培的櫻桃樹所結的果實。

其分布甚廣，自亞洲西部到歐洲東南部，都可看見，歐洲的栽培歷史甚久，美國則是在十八世紀以後，才開始栽培。

櫻桃可在一般水果店內買到，其中，有種叫「日出」的日本櫻桃品種，有著美麗的紅紫顏色，以它做出的酒的顏色，鮮紅亮麗。

最近甚流行的美國櫻桃（較大、暗紅色）亦可使用。此種酒的酸味和甜味，巧妙地融合，真是好喝極了。

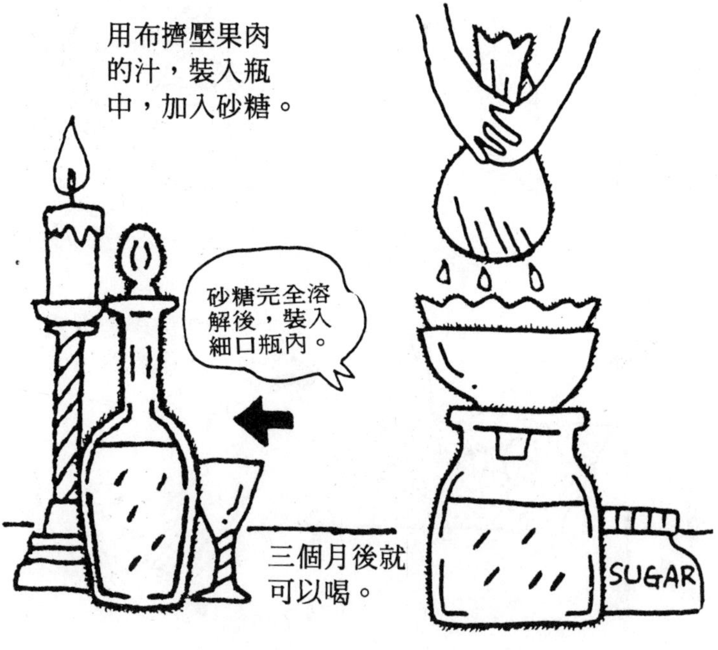
用布擠壓果肉的汁，裝入瓶中，加入砂糖。
砂糖完全溶解後，裝入細口瓶內。
三個月後就可以喝。
SUGAR

李子利口酒

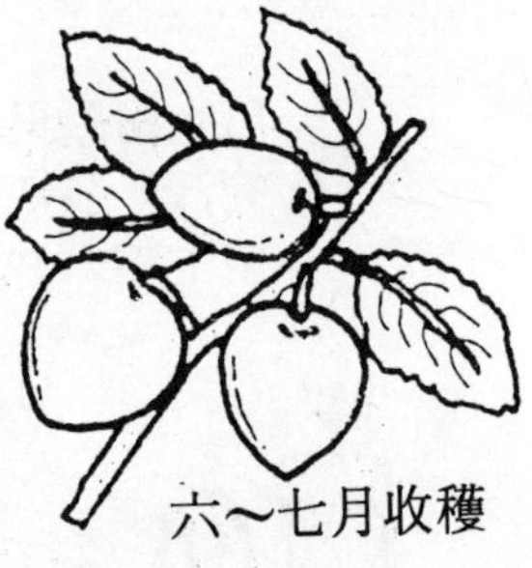

六～七月收穫

洗淨李子果實，瀝乾水分。

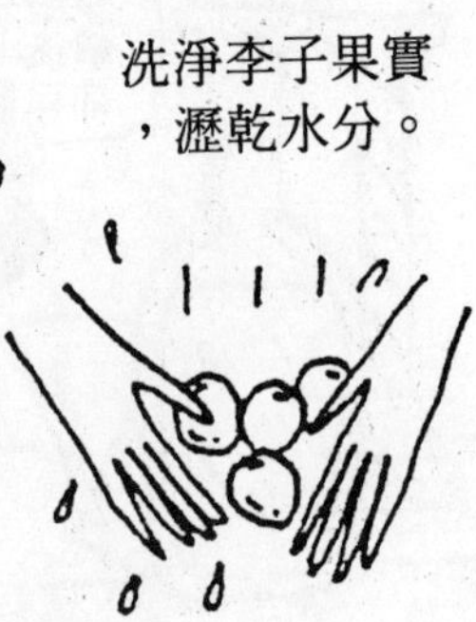

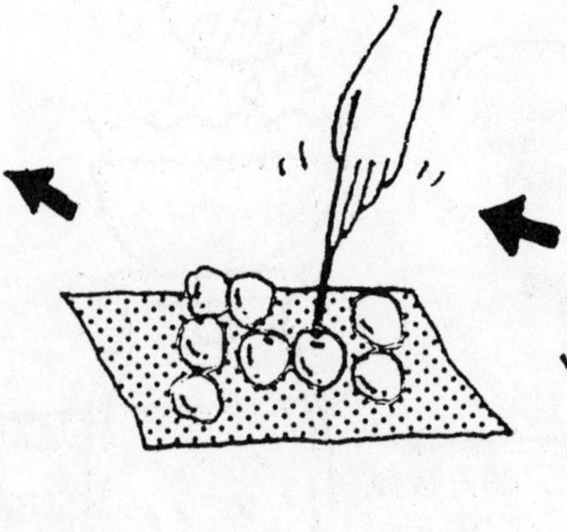

用針刺數個洞，以便讓汁快速浸出。

李子　一公斤
砂糖　一〇〇公克
米酒　一・八公升

原產於中國，屬於薔薇科的植物。在夏季雨少的地方被栽培著。美國原由日本傳入，但，現在日本所栽培的多數品種，是在美國培育，反輸入而來的。

它是名符其實的酸桃，最適合做利口酒。儘管種類繁多，但都能製出上好的酒來。

把紅色果肉混合浸漬，所成的顏色會更美。其酸味和澀味，微妙地調和，相當獨特。果實的採收時期是六～七月，有的品種則是在八～九月。

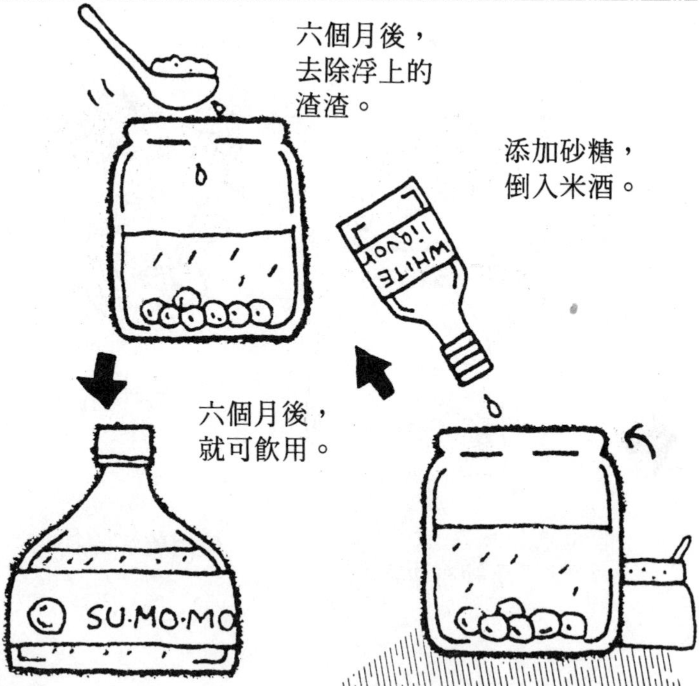
六個月後，
去除浮上的
渣渣。
添加砂糖，
倒入米酒。
WHITE liquor
六個月後，
就可飲用。
SU·MO·MO

紅花利口酒

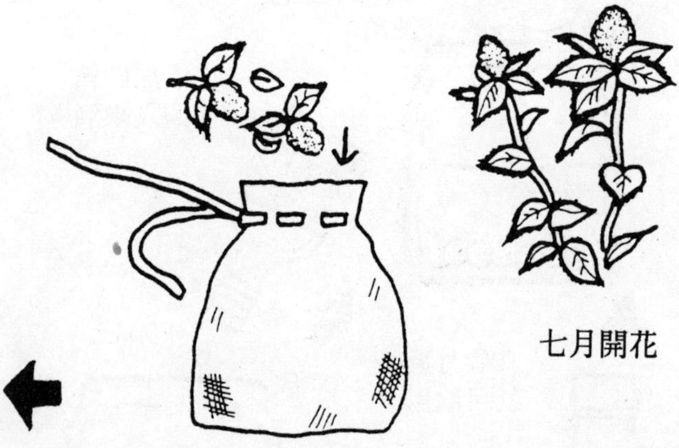

七月開花

使用乾燥的紅花

用紗布包紅花

乾燥紅花　四〇公克
米酒　一・八公升
砂糖　五〇〇公克

昔日的口紅和染料，就是以紅花爲原料。最近，由其種子所提煉出的油，製成的健康食品和食用油，相當受人矚目。

原產於埃及，經絲路傳入日本，在日本生根。七月左右，在綠油油一片的田地中，盛開著像薊一樣的金黃色的花。摘取葉上帶刺的紅花花蕊，作業上有點困難，在朝露讓葉子變軟的期間，最適於摘取。聽說，以前的姑娘，不顧摘取時會刺傷自己的手，把紅花送給心目中的他，實在是浪漫又讓人疼惜。

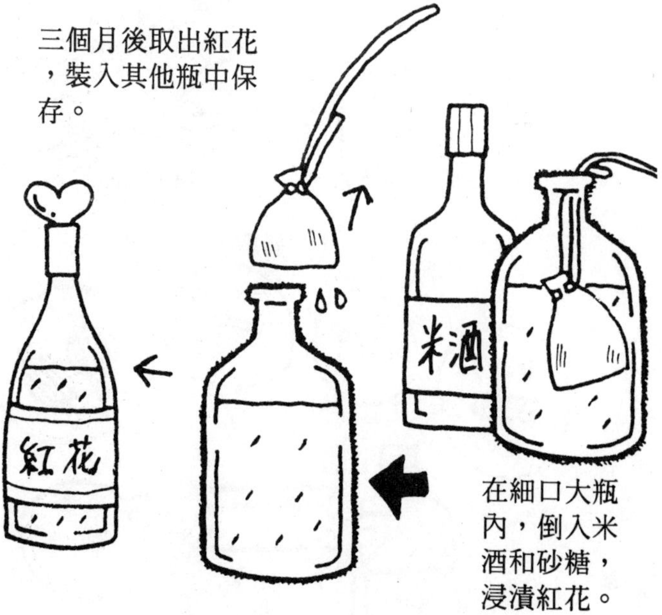
三個月後取出紅花，裝入其他瓶中保存。
米酒
紅花
在細口大瓶內，倒入米酒和砂糖，浸漬紅花。

白芷利口酒

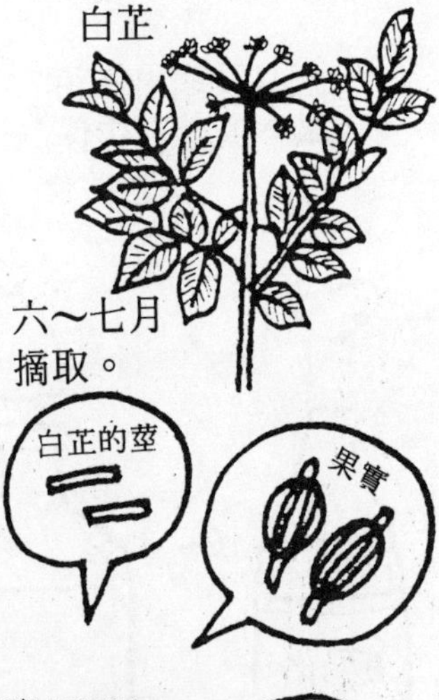

莖切成5公分長，和果實及其他的香辛料，一起放入米酒中，浸漬一個月。

白芷的果實　一〇〇公克
白芷的莖　三〇〇公克
香草　½片
丁子　一個
甘草　一小片
米酒　一公升
糖漿（砂糖四〇〇公克加水一杯）

芹科多年草。被認為具有對抗惡魔眼睛的能力，有避開疾病、艱難的功能，是難能可貴的藥草。

白芷酒有獨特的香味，能增加用餐氣氛。

用它的莖，在家試種看看吧，此外，以其加上砂糖煮爛，也是製餅乾很好的材料。

用布過濾，
白芷亦用布
擠汁，然後
加入砂糖攪
拌均勻，裝入瓶中。
砂糖
＋
水
一個月
後就能
飲用

荊桃利口酒

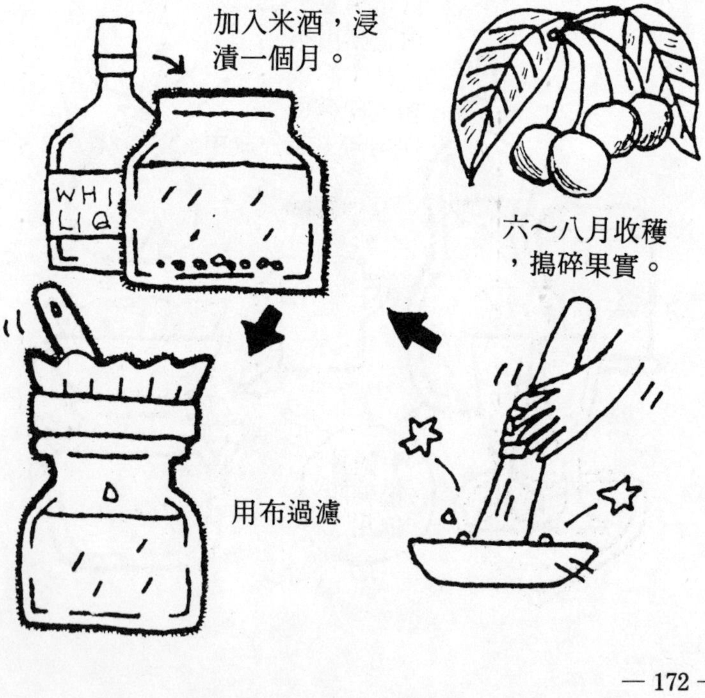

荊桃　五〇〇公克
米酒　½公升
砂糖　一七五公克

一般通稱為山櫻花，常被栽培於庭院中。在爬山途中，亦常可見結實纍纍的山櫻花，若沒有善加使用，豈不可惜。

看見那小巧可愛的果實，真想咬它一口……，因它所釀成的酒，邊飲用時，邊會憶起兒時的情景。

選用時，以稍微帶點黑色的為最佳。味道有點苦澀的荊桃酒，相當迷人。

加入砂糖，時時振搖，放置兩、三個小時。

砂糖完全溶化後，用布過濾，裝入瓶中。

馬上就能飲用，但六個月後再喝風味更佳。

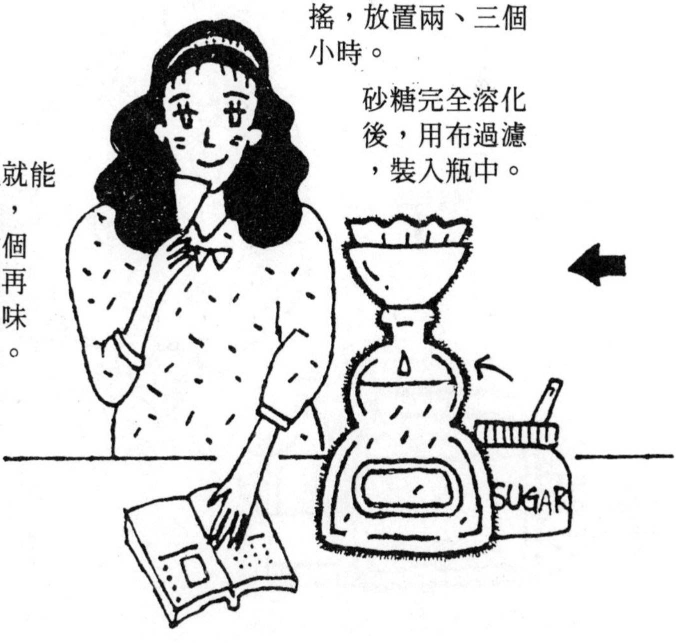

樹莓利口酒

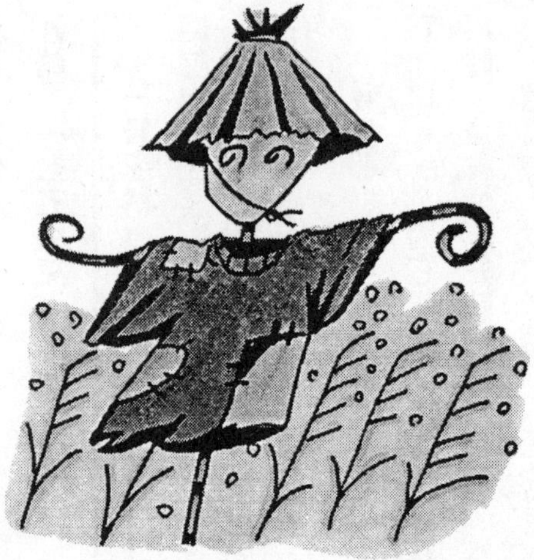

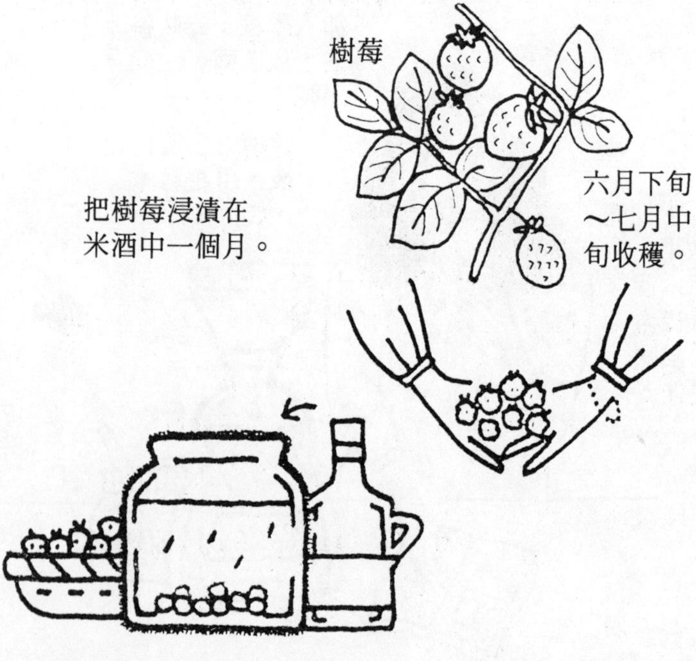
樹莓
六月下旬
～七月中
旬收穫。
把樹莓浸漬在
米酒中一個月。

樹莓　五〇〇公克
米酒　一公升
糖漿（砂糖三五〇公克加水四杯）

開花後，子房會突起，由一個小小的子，形成一個果實。分布範圍很廣，從平地到山上，處處可見自生的草莓。其種類相當繁多。

樹莓的花可做觀賞之用，果實則可食用，常利用它做為藥材。

樹莓的主產地為蘇聯、西德、英國等。它常被攪成果汁，或被醃漬在糖漿裡食用。採收時期為六月下旬至七月中旬。黃金色的果實，帶有清爽的芳香。若想釀成美麗的琥珀顏色，需嚴格遵守過濾時間。

裝入瓶內，
兩、三天後
再喝。
用布過濾，加入已
冷卻的糖漿。
糖漿
KI·ICHIGO

玫瑰利口酒

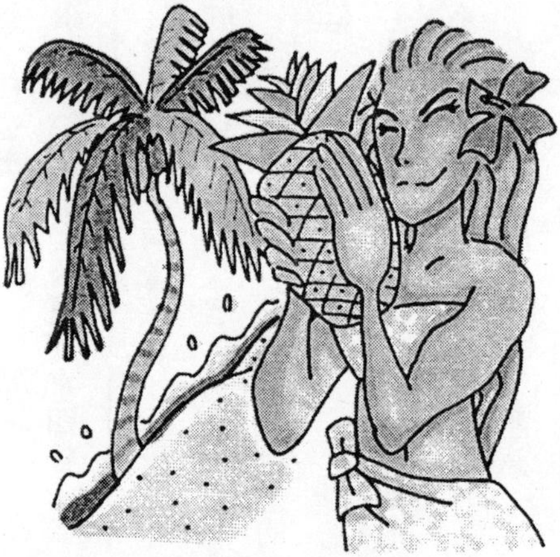

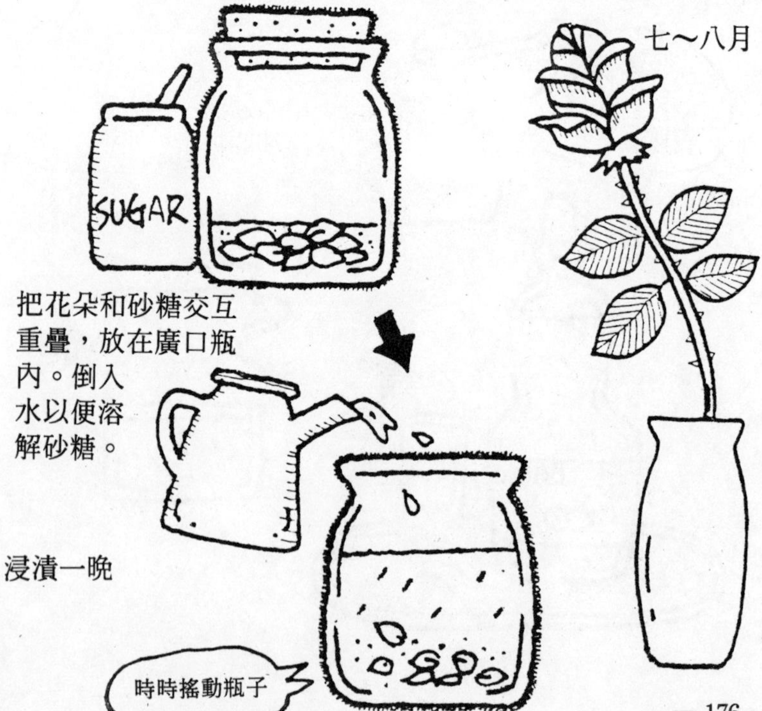
七～八月
SUGAR
把花朵和砂糖交互重疊，放在廣口瓶內。倒入水以便溶解砂糖。
浸漬一晚
時時搖動瓶子

玫瑰花　七五公克
砂糖　三五〇公克
米酒　¼公升
水　¼公升

羅馬時代，希臘非常興盛栽培玫瑰。人們以玫瑰浸水，以其做為香水。在酒宴上，人們習慣把玫瑰花編成一頂花冠，戴在頭上。

聽說，從前有位皇帝，在黃金製的天花板旁，設計可讓玫瑰花和玫瑰花水流下的機關。

玫瑰的品種約有一萬種。有些適合當香水的原料，有些則適合食用，玫瑰酒除直飲外，尚可以用來調雞尾酒，色香味俱全。

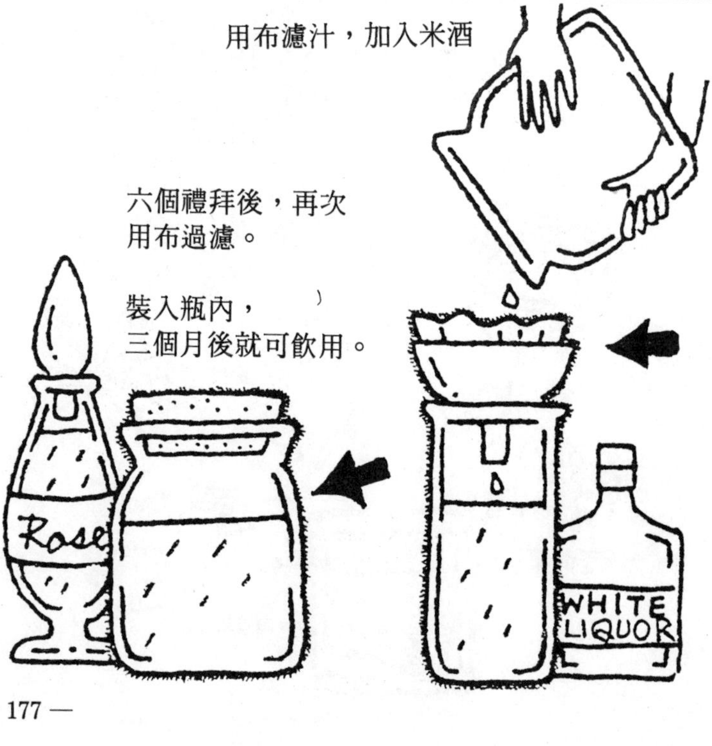
用布濾汁，加入米酒
六個禮拜後，再次用布過濾。
裝入瓶內，三個月後就可飲用。
Rose
WHITE LIQUOR

蜂花利口酒

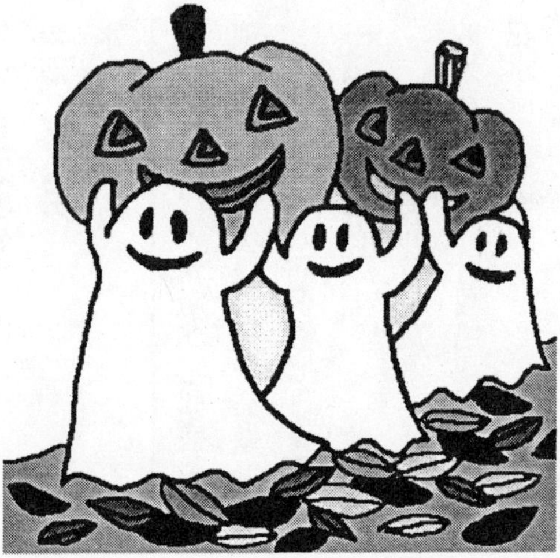

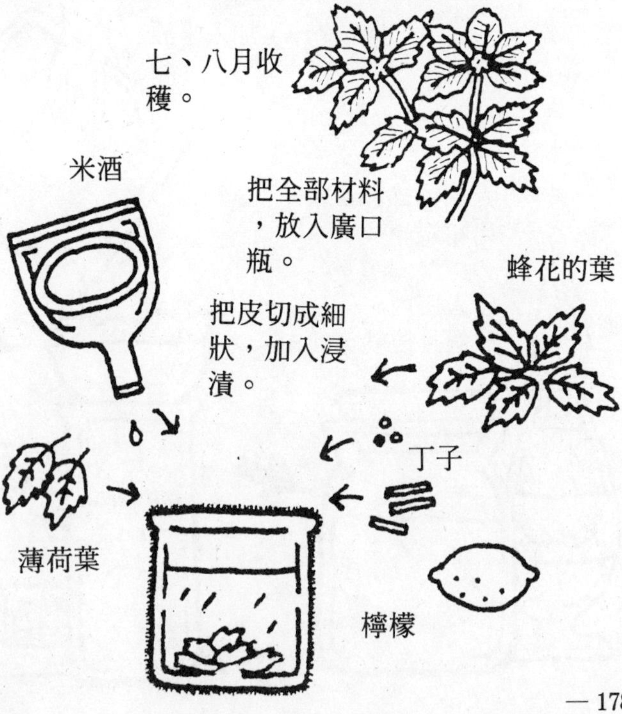
七、八月收穫。
米酒
把全部材料，放入廣口瓶。
蜂花的葉
把皮切成細狀，加入浸漬。
丁子
薄荷葉
檸檬

蜂花　一〇〇公克
米酒　一公升
檸檬皮　一個份
丁子　一粒
薄荷葉　三〇公克
砂糖　三〇〇公克
水　一杯

蜂花在歐洲，是廣為人用的藥草。紫蘇科的植物，常被用來做為佳肴的佐料。

它對消化不良、神經症、失眠症、貧血症，有很大的療效。適宜在家栽培。薄荷也是紫蘇科植物。在東亞一帶、潮濕地帶自生著。香味獨特的薄荷，常被加在感冒藥和健胃劑中。

糖漿
十五天後用布過濾，倒入已冷卻的糖漿，攪拌均勻。
三個月後就能飲用

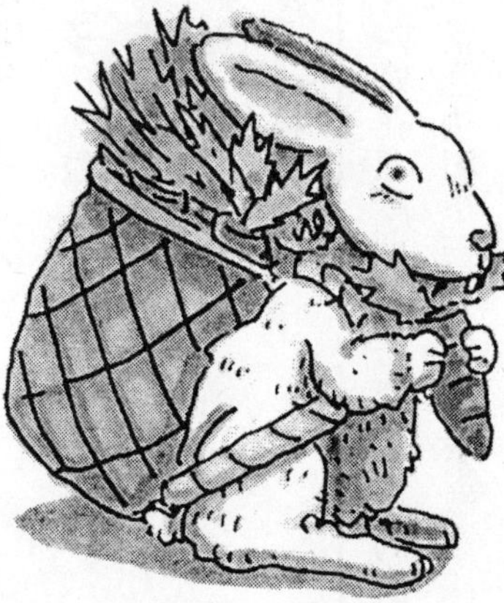

艾草利口酒

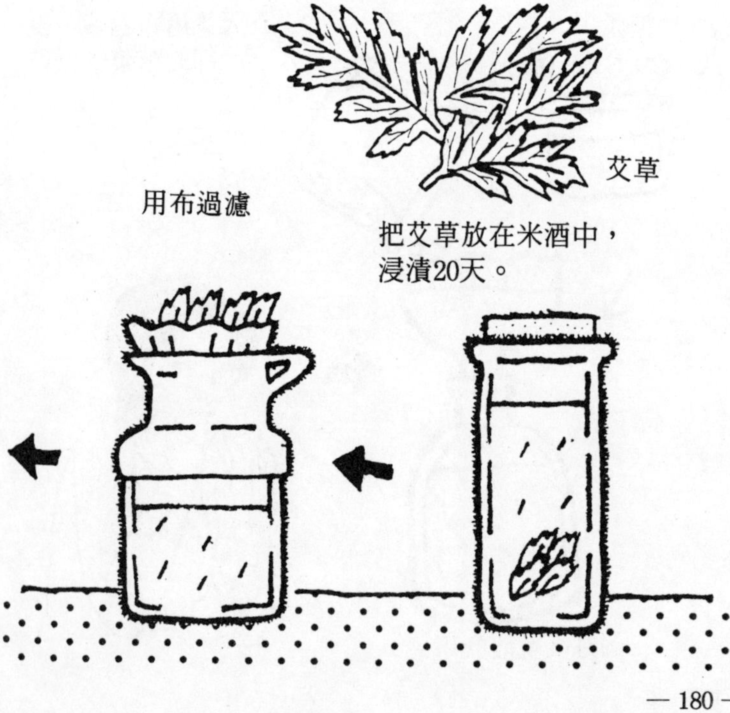
艾草
用布過濾
把艾草放在米酒中，
浸漬20天。

艾草　五〇公克
米酒　一公升
糖漿（砂糖四五〇克加水$\frac{1}{4}$公升）

早春，在一片枯草的原野中，最先看到綠色蹤影的就是艾草。以剛摘下的嫩苗為材料製成的餅，就是廣受人歡迎的草餅。

夏天樹葉茂盛時，割下其葉，晒乾，是針灸時必用的材料。其他尚有很多為人所知的藥效。

艾草酒具有獨特的苦味，和芳香的草味，是典型親手釀製的酒。

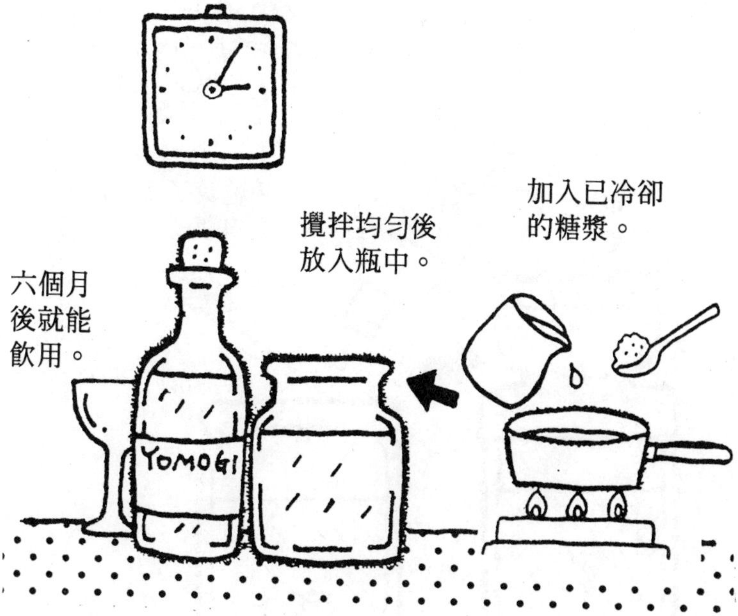
加入已冷卻的糖漿。
攪拌均匀後放入瓶中。
六個月後就能飲用。
YOMOGI

薄荷利口酒

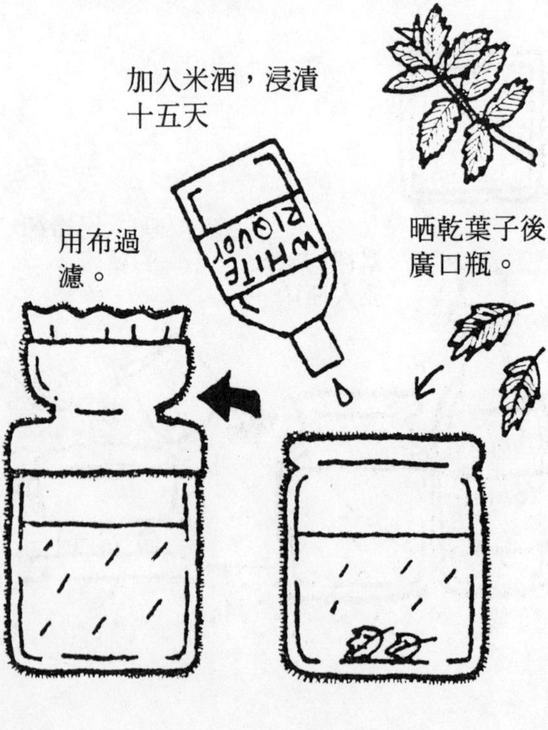

七～九月在家裡菜園收穫。

晒乾葉子後，放入廣口瓶。

加入米酒，浸漬十五天

用布過濾。

新鮮薄荷葉　約一手掌抓的量，十五
　　　天後再摘兩片
米酒　¾公升
糖漿（砂糖五〇〇公克加水三杯）

薄荷在歐洲，廣泛的被栽培。薄荷葉加甘草、薑、香草，浸漬於酒精中，就成好喝的雞尾酒。其他，如清涼飲料、餅乾、料理、化粧品、沐浴劑等，亦多有以它為材料的。

釀好的薄荷酒是橄欖色，沁涼的香味可提醒人的精神，是難得的美酒。

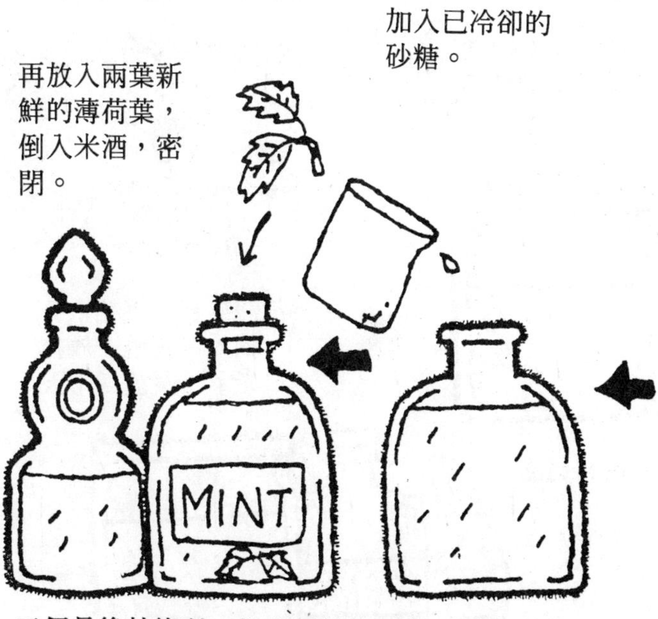
加入已冷卻的
砂糖。
再放入兩葉新
鮮的薄荷葉，
倒入米酒，密
閉。
MINT
三個月後就能喝，但六個月後再喝，風味更佳。

桑椹利口酒

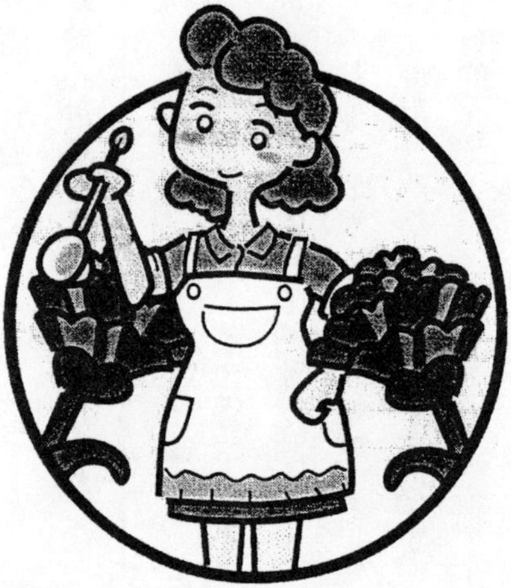

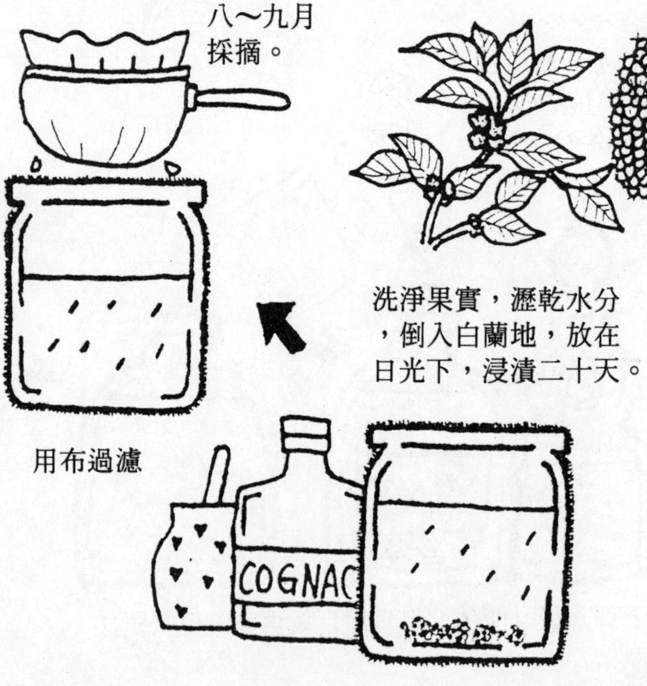
八～九月
採摘。
洗淨果實，瀝乾水分
，倒入白蘭地，放在
日光下，浸漬二十天。
用布過濾
COGNAC

桑椹　一公斤
白蘭地　一公升
砂糖　五〇〇公克
水　四杯

桑葉是蠶最喜歡吃的東西。若不餵食桑葉，改用其他的樹葉，繭的收獲量會大減。這也是以桑木製作蠶神，藉以祭拜的原因。

開始時，果實為紅色，成熟後變成紫黑色。吃剛摘下的桑椹，嘴巴、手指，都會染有紫色，非常美麗的紫色。

它也常被當做染色材料。若想有鮮亮的顏色，用布仔細的漂染吧。

對利尿、強壯身體很有效。

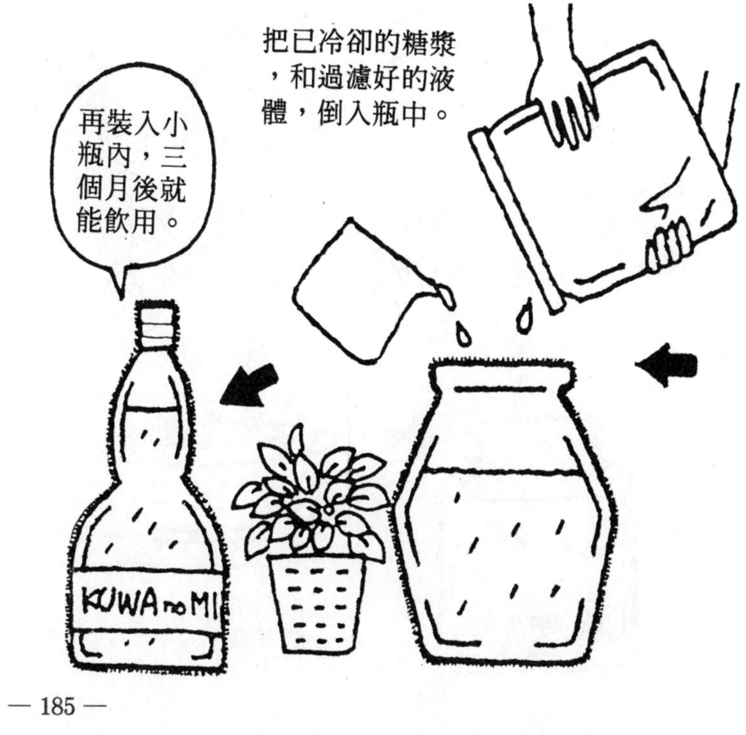
把已冷卻的糖漿，和過濾好的液體，倒入瓶中。
再裝入小瓶內，三個月後就能飲用。
KUWA no MI

浜梨利口酒

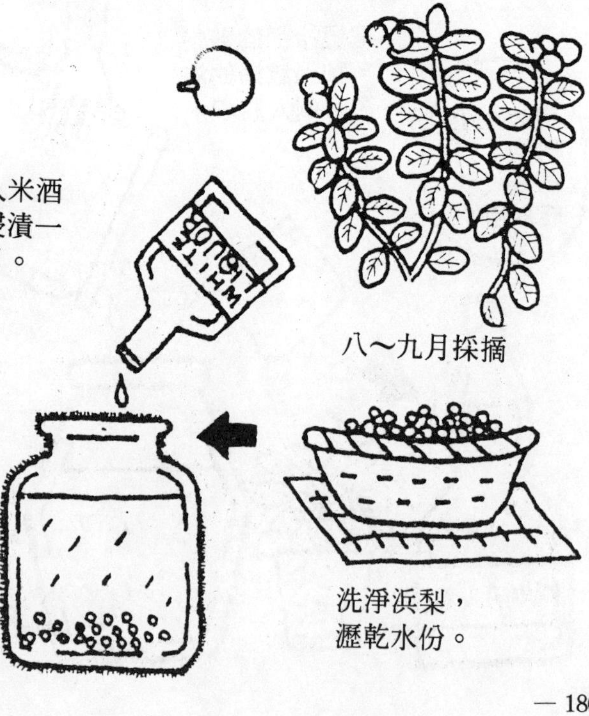

八～九月採摘

洗淨浜梨，
瀝乾水份。

放入米酒，浸漬一個月。

浜梨　五〇〇公克
米酒　一公升
甘草　一片
糖漿（砂糖三七五公克加水¼公升）

浜梨是杜鵑科植物，採收時期為八～九月。

分布甚廣，在北半球寒帶一帶，處處可見。長約五～二〇公分不等。初夏，盛開吊鐘形的桃色小花，然後結紅色的小小果實。

德國人常把它製成果汁、果醬，或餅乾。

它也是衆所周知，對風濕、神經痛有顯著效果的藥草。浜梨酒的酸味和甜味，相當均衡，是美麗的粉紅顏色美酒。

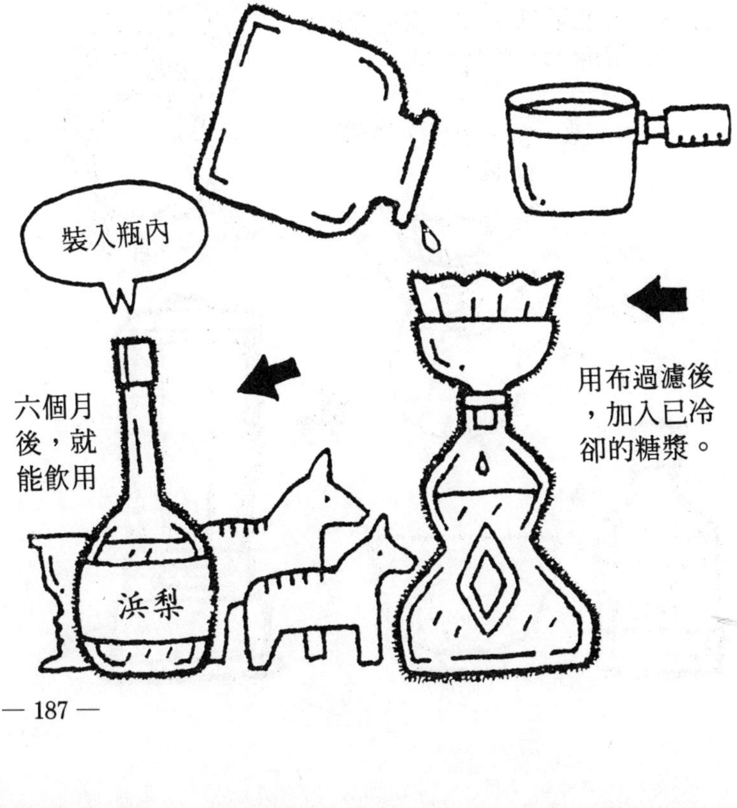
用布過濾後，加入已冷卻的糖漿。
六個月後，就能飲用
裝入瓶內
浜梨

桃利口酒

洗淨桃，去除種子，用果汁機攪碎，用布包果肉，擠出汁來。

8～9月

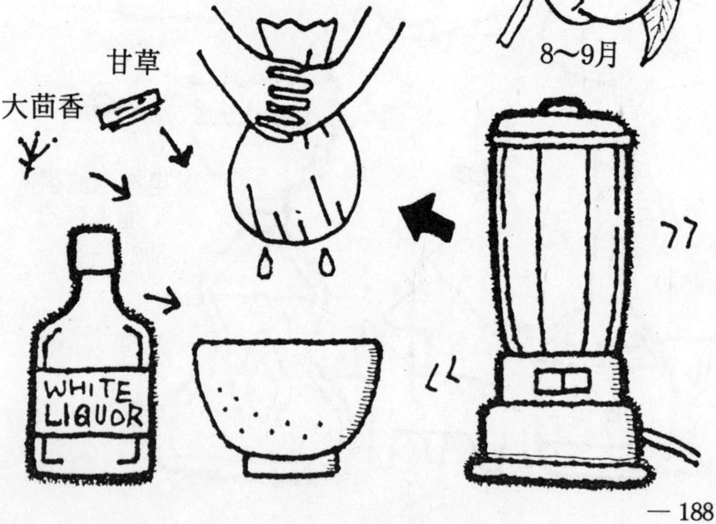
加入米酒、甘草、大茴香。
甘草
大茴香
WHITE LIQUOR

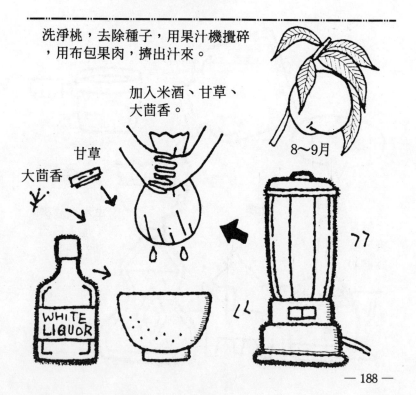

成熟的桃子　一公斤
米酒　一公升
砂糖　三五〇公克
水　少量
甘草皮　一塊
大茴香　少許

從前有個人沿著河川進入山中，結果迷了路，再往前走沒幾步，突然來到一片桃花林的地方。桃花林裡有個小洞穴，走入洞穴，眼前是一望無垠的田地，在那住著一群與世無爭的人，這是有名的桃花源記。

用桃子也可釀酒。在做之前，需要確認桃子沒有受損。在北風狂吹，寒冷的日子裡，泡個桃水澡，會讓你有進入桃花林的感覺哩。

把已冷卻的糖漿，倒入米酒中。

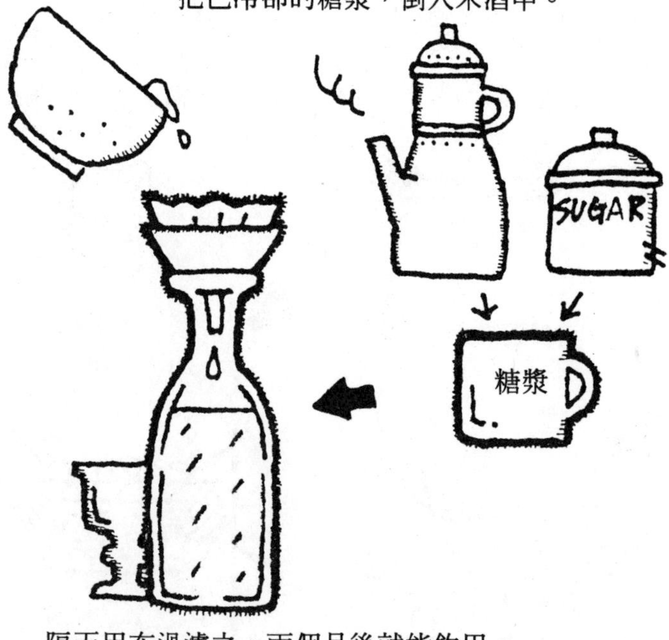

隔天用布過濾之，兩個月後就能飲用。

葡萄利口酒

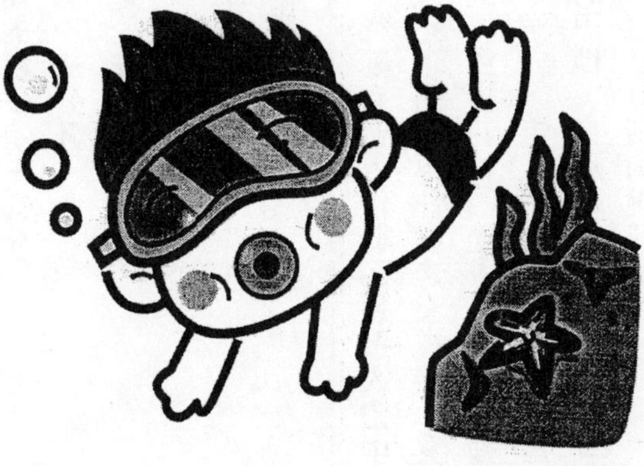

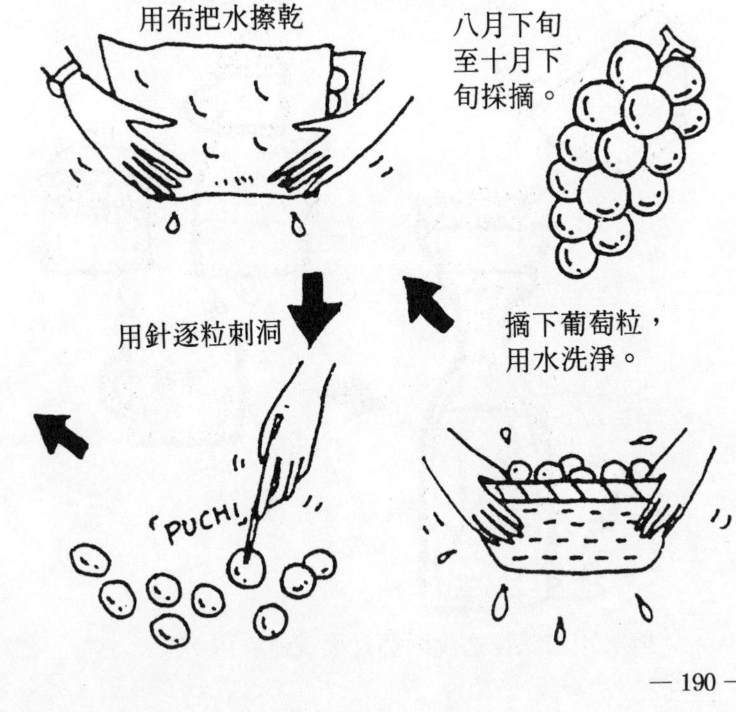
八月下旬
至十月下
旬採摘。
摘下葡萄粒，
用水洗淨。
用布把水擦乾
用針逐粒刺洞
PUCHI

蘡薁葡萄　五〇〇公克
米酒　一公升
糖漿　¼公升
甘草　一片

一提起葡萄酒，就讓人聯想到法國。葡萄皮上附有酵母菌，只要搗碎它丟入發酵槽內，自然就會變成酒。由於做法簡單，廣為釀造，是世上最受歡迎之酒。亦即，葡萄是相當好處理的材料。

在嚐試親手釀造水果酒時，不妨先向葡萄挑戰，因為失敗的例子很少。這裡採用果實較大的蘡薁葡萄，所釀出的酒、味道、香氣都不錯，值得推薦給你。

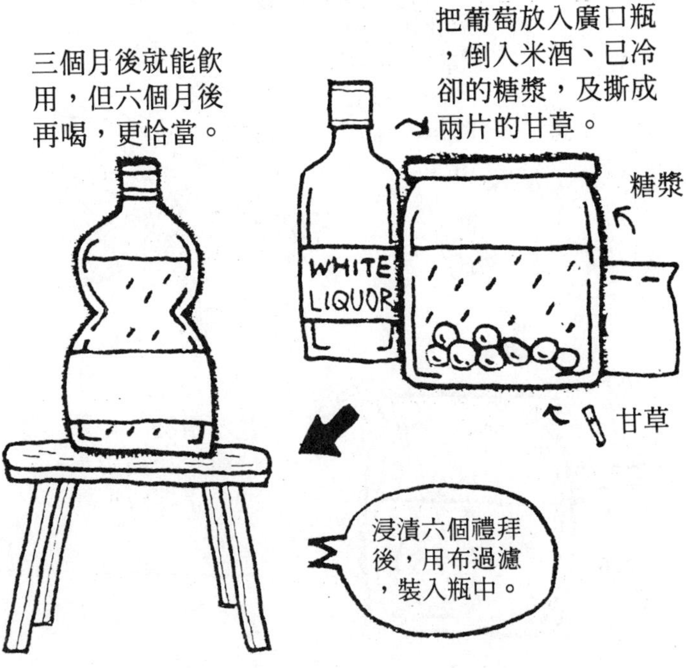
把葡萄放入廣口瓶，倒入米酒、已冷卻的糖漿，及撕成兩片的甘草。
WHITE LIQUOR
糖漿
甘草
浸漬六個禮拜後，用布過濾，裝入瓶中。
三個月後就能飲用，但六個月後再喝，更恰當。

木犀利口酒

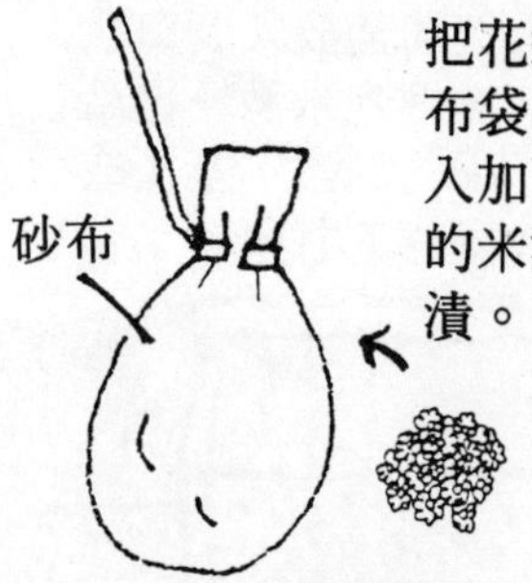

把花裝入紗布袋內，放入加了砂糖的米酒中浸漬。

木犀花

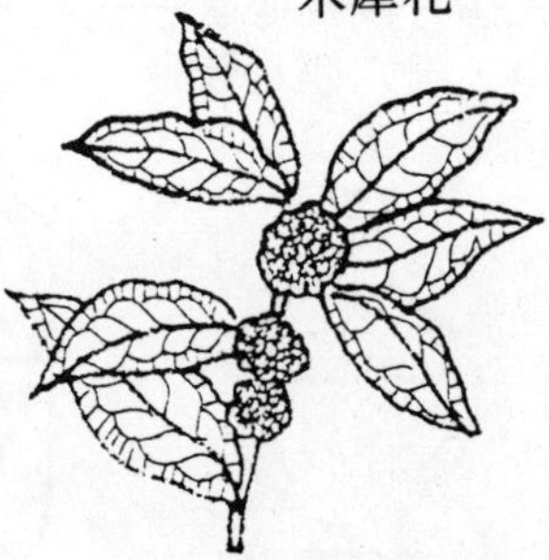

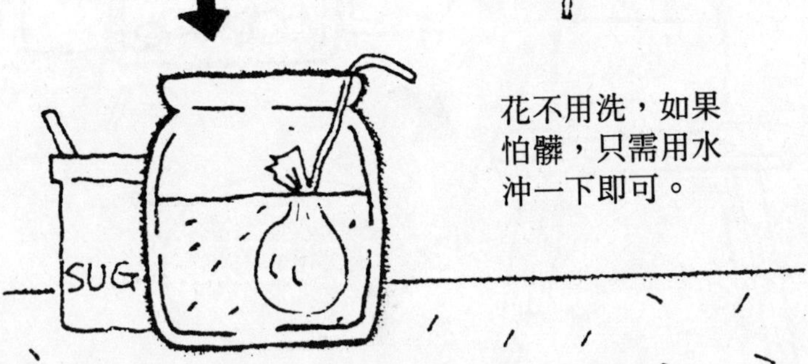

花不用洗，如果怕髒，只需用水沖一下即可。

木犀花　三〇〇公克
砂糖　一〇〇公克
米酒　一・八公升

原產地是中國，又稱桂花。九至十月左右，會開橙黃色的小花。香味甚濃，秋天時，我們常會為不知何處飄來的香味，而停留腳步……，你必也有此經驗的。

在中國，常出現於傳說、詩歌、繪畫等中。保存花朵，可享有其迷人的香氣。它是用來品香之最好的酒，花期約三個月，用它來釀酒，一年後便能飲用。把剛摘下的花，灑在冰淇淋、乳果、果醬中試試看。

有整腸作用，對便秘也很有效。

三個月後，
取出布袋。
一年後才能飲用。

西洋梨利口酒

選擇口大的廣口瓶。把去皮、去種的梨，和米酒放入裡面。

浸漬一個月，放在陽光充裕的地方。

9～11月

成熟的西洋梨　一個
米酒　一公升
洋梨蒸餾酒　一杯
砂糖　三〇〇公克

　梨，大致可分中國梨、日本梨、西洋梨。日本梨以二十世紀、長十郎、幸水等，聞名於世。中國梨、西洋梨是採摘後，待其芳香逸出才吃，各有不同的風味。

　梨，含有豐富的維他命B、C，具強壯、解熱作用，成熟的西洋梨，較適合做利口酒。

　西洋梨，香味清純，甜味適當。日本梨的甜味較強，無法釀出梨的氣味。

加入砂糖。三個月後，砂糖才會完全溶解。
把洋梨蒸餾酒一起倒入
馬上就能喝，但六個月後再喝，味道更香醇。

菊花利口酒

任何菊花種類都可。洗淨葉和花後，瀝淨水分，為使完全乾燥，可放在烈日下晒半天，花裝入布袋，放入瓶內浸漬。

九月中旬至十一月中旬

把花、葉、米酒、砂糖，放入容器內。

菊花　五五〇公克
菊花葉　二〇〇公克
砂糖　一〇〇公克
米酒　一・八公升

秋天時，不論在野山、或自家庭園裡，處處可見盛開的菊花。

不論是何種種類的菊花都行。這兒所採用的是黃色的花。一個月後，取出花瓣和葉子。美麗的淡黃色利口酒就釀成了。這種酒具有獨特的香氣和苦味，直接飲用，美味十足。加上碳酸，或以其調雞尾酒，風味絕佳。

對頭痛、腹痛、增進食慾、消除疲勞很有效。人稱「不老長壽」之妙藥。

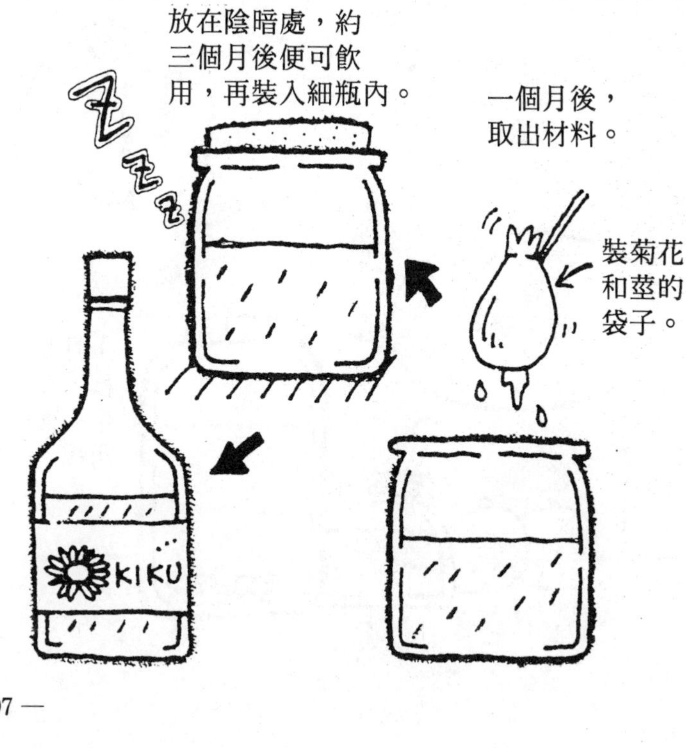
放在陰暗處，約三個月後便可飲用，再裝入細瓶內。
一個月後，取出材料。
裝菊花和莖的袋子。
KIKU

花梨核利口酒

把花梨核、砂糖、柳丁皮，放入米酒中浸漬。

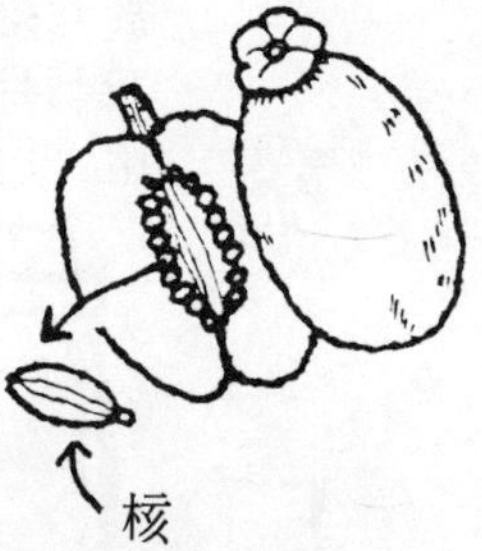

花梨　三五〇公克
米酒　一公升
柳丁皮　一個份
砂糖　二〇〇公克
白蘭地　一酒杯

花梨原來產於中國，果實像橢圓形的球。

花梨果實，澀味很強，不適合食用。風雅的人，把它裝入瓶中，觀賞它的顏色，品聞它的香味。但以它釀酒，澀酸味均勻、香氣十足，是上乘之酒。

這兒所採用的是梨花核。

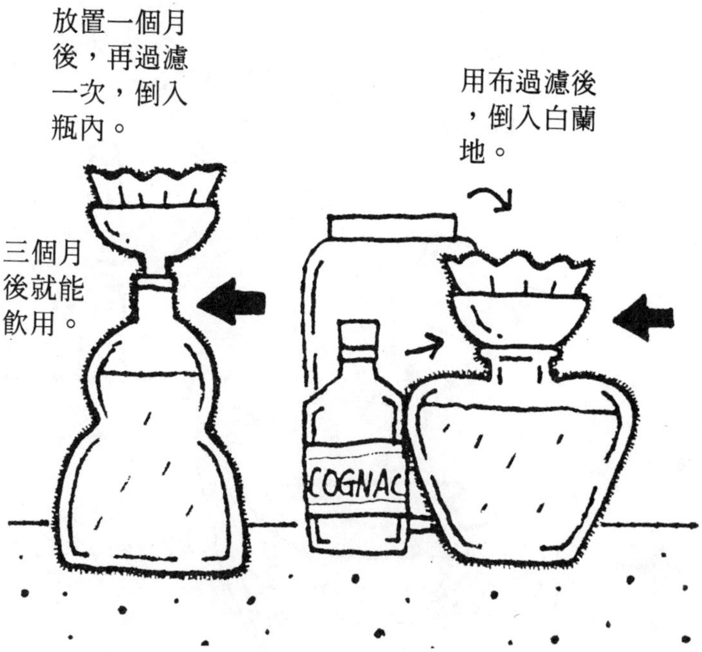
用布過濾後，倒入白蘭地。
放置一個月後，再過濾一次，倒入瓶內。
三個月後就能飲用。
COGNAC

野玫瑰果實利口酒

洗淨果實，去蒂，壓扁後放入廣口瓶，倒入米酒。

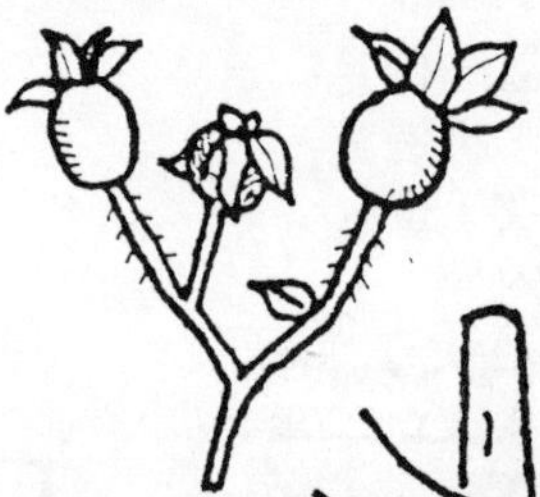

九～十一月收穫

浸漬十五天，每天搖動三次，讓汁滲出。

成熟的野玫瑰果實　一公斤
米酒　一公升
糖漿（水一・五公升加砂糖五〇〇公克）

在原野、山中，處處可見野生的野玫瑰。五～六月時盛開白色或淡紅色的花朵，秋天到冬天，球形的紅色果實便會成熟。

此種果實又被稱為「營實」，是一般民間常用的藥草，多用於止瀉。

爬山時，就可看見成熟的紅果實，摘下它，親自來釀野玫瑰果實酒。

氣味香醇的野玫瑰果實酒，有點澀味，直接飲用時，可享野生的氣味，對增進食慾、利尿有效。

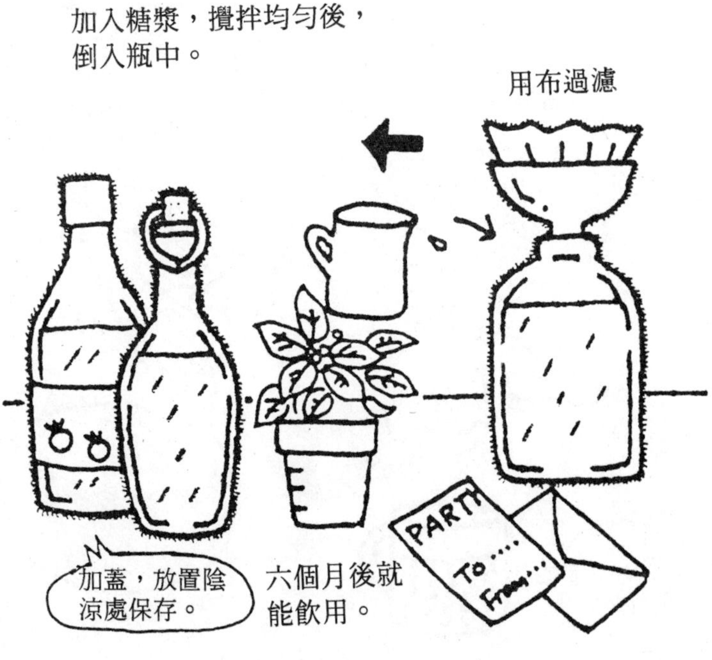
加入糖漿，攪拌均勻後，
倒入瓶中。
用布過濾
加蓋，放置陰
涼處保存。
六個月後就
能飲用。
PARTY
To....
From....

橘子利口酒

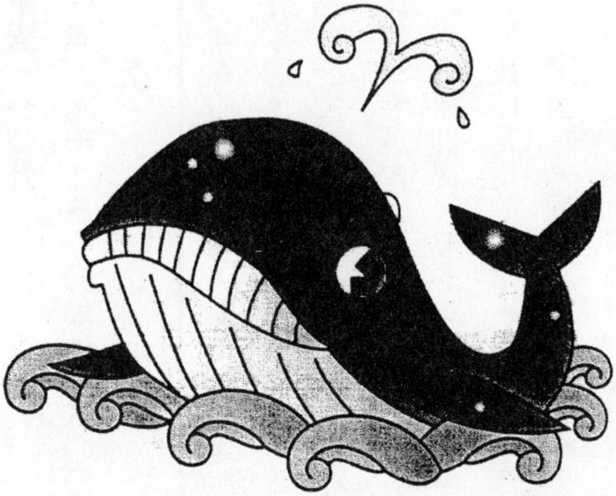

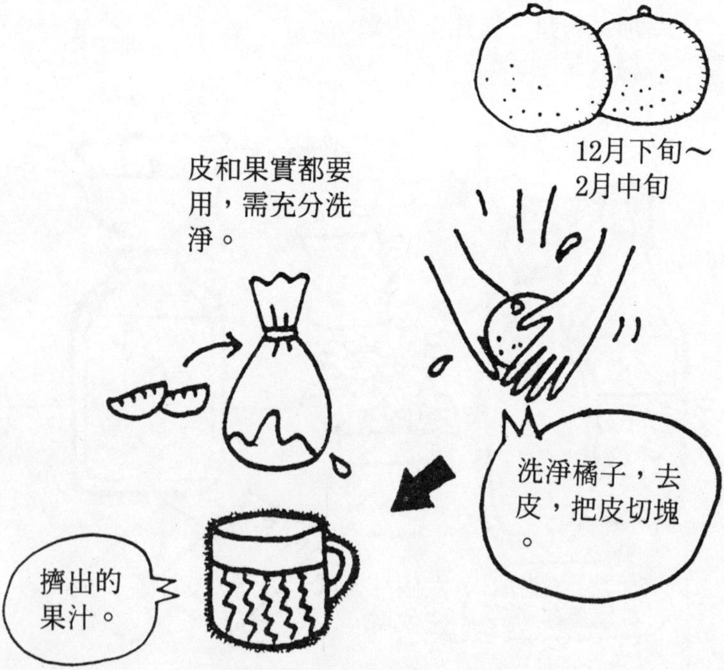
12月下旬～
2月中旬
皮和果實都要用，需充分洗淨。
洗淨橘子，去皮，把皮切塊。
擠出的果汁。

橘子　四個
萊姆酒　½公升
砂糖　一二五公克
水　少許

柑橙是橘子的一種。果皮有濃烈香味，含豐富的油分。

萊姆酒是由甘蔗釀酒，香氣獨特，酒精度高。很多餅乾以其為香料。

英國的船員，稱萊姆酒為「納爾遜之血」。其因是，為防止戰死於海戰的納爾遜遺體腐敗，其手下把他泡在濃烈的琴酒中，結果變成萊姆酒般的顏色。

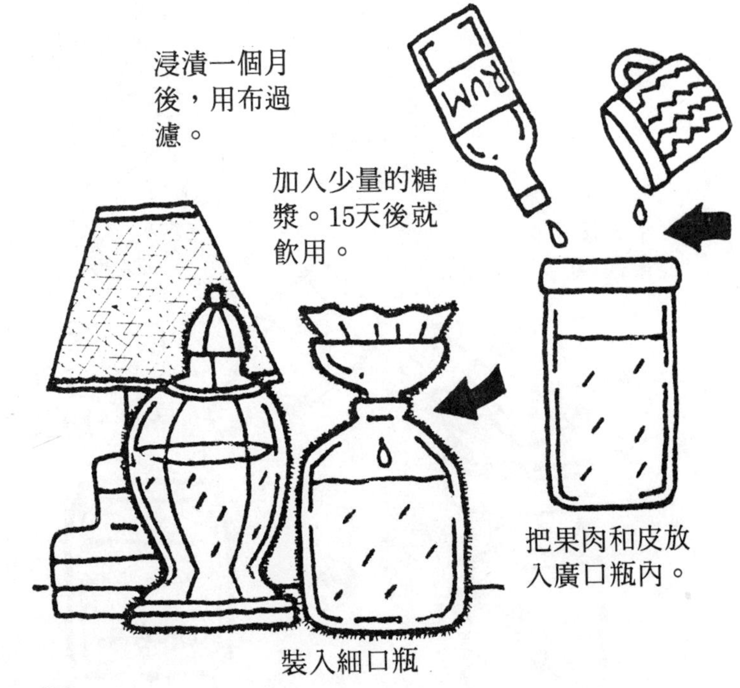
RUM
把果肉和皮放入廣口瓶內。
加入少量的糖漿。15天後就飲用。
浸漬一個月後，用布過濾。
裝入細口瓶

鳳梨利口酒

去除鳳梨的皮，切成塊狀，浸漬於米酒中。

十天後用布過濾。

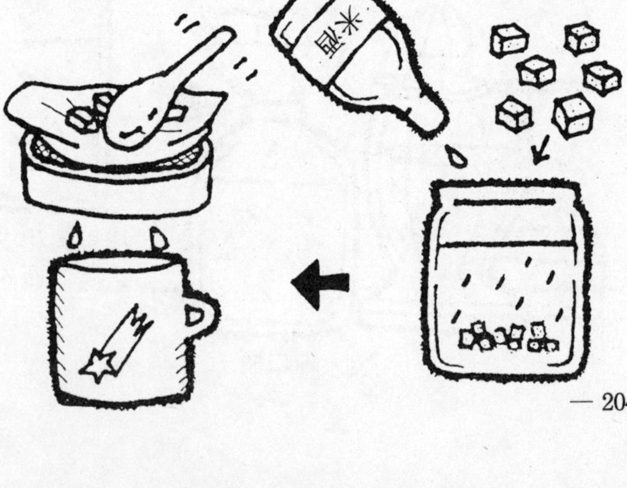

成熟的鳳梨　一個
米酒　一公升
糖漿　¼杯

鳳梨是世上少有的特殊風味水果之一。其尖尖的葉子，曾被當作吹箭的箭使用。果肉具有獨特的風味，含有豐富的維他命類。

用它製果醬、飲料，非常普遍。用這來自南國的水果，釀製利口酒吧。

浸漬時，加入少量（約⅛個份）的皮，可增加澀味，釀酒更具韻味。

漂亮的淡黃色鳳梨利口酒，直飲或用來調雞尾酒都適宜，此外，它也是製餅的最佳調味品。

兩天後，再次過濾，裝入細口瓶。

一個月後就能飲用，三個月後再喝，味道更棒。

牛乳利口酒

把所有材料
放入瓶中，
放在陰涼處
十天。

新鮮牛乳　½公升
米酒　½公升
檸檬皮　一個份
香草　½片
砂糖　二〇〇公克

所謂的乳酒，是用家畜的乳發酵而成的酒。馬乳酒是用馬乳所釀成的酒，為中亞遊牧民族所愛喝的。卡拉卡斯山地的乳酒，則是以馬、羊、牛的乳，加上植物種子所發酵而成的。

中歐的遊牧民族，也是愛喝馬乳酒。南歐和中東一帶的民族，尚有用獅子的乳釀成的酒，通常被當成媚藥使用。這兒所用的是一般的牛乳，請試試。

用布過濾，
裝入瓶中。
七～十天後就可喝，宜冰過後再喝。
MILK

蛋利口酒

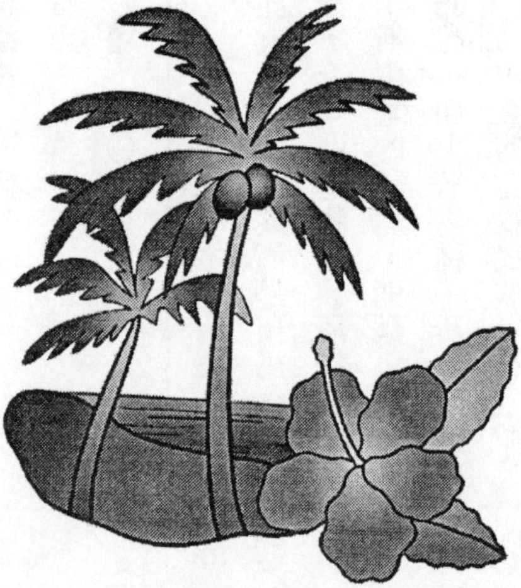

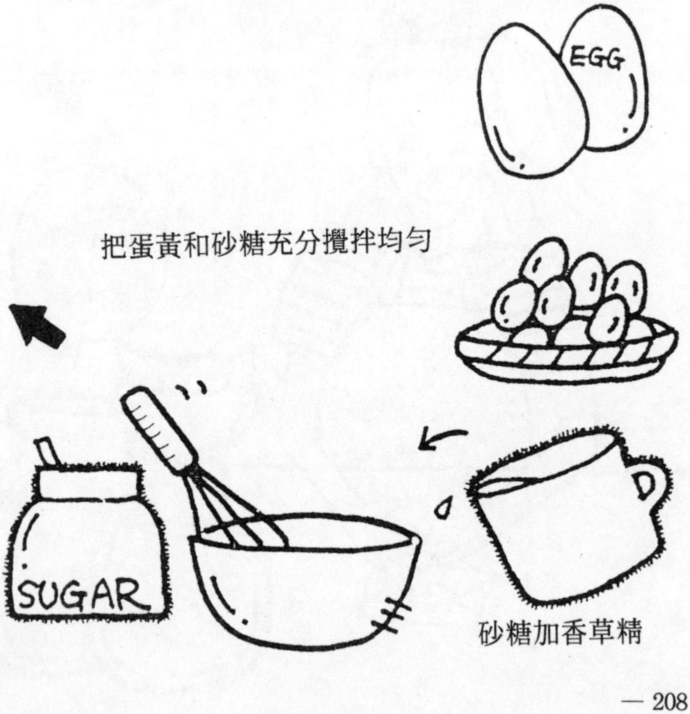
EGG
把蛋黃和砂糖充分攪拌均匀
SUGAR
砂糖加香草精

蛋黃　八個
砂糖　三五〇公克
香草精　少許
煉乳　三小罐
米酒　¼公升
冷卻的開水　五公升

營養價值高的蛋利口酒，是以蛋黃為材料，配上煉乳及香草精，相當甘醇的酒，荷蘭人、日本人視蛋酒為有效的「感冒藥」。

喝之前需充分搖悅，且要儘快喝完。

冬天時，在暖和的屋子裡，以稍稍冰溫過的蛋酒，招待客人，有助提高用餐氣氛。

把牛乳、米酒，倒入水中。
煉乳
冷開水
WHITE
LIQUOR
放置六天後再喝。

咖啡利口酒

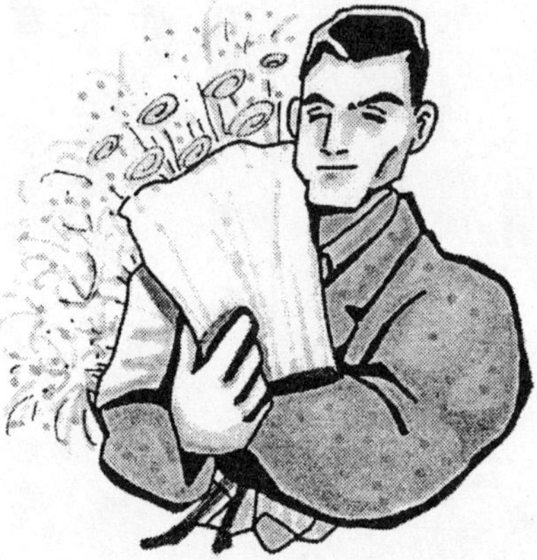

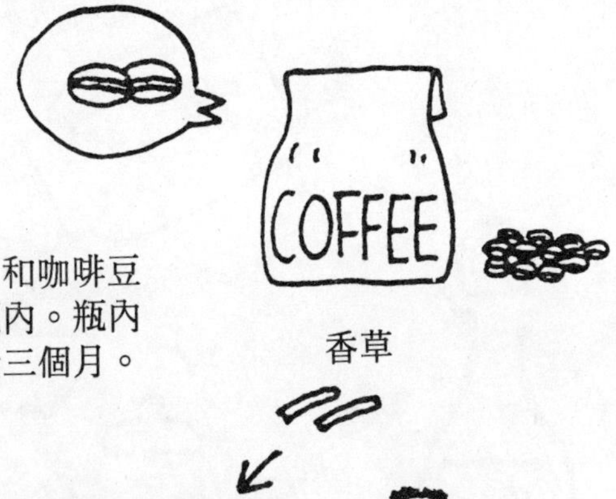

香草撕成兩片，和咖啡豆一起放入廣口瓶內。瓶內倒滿米酒，浸漬三個月。

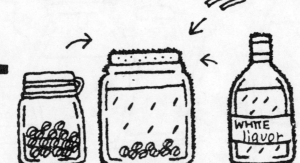

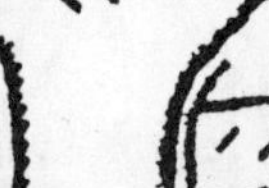

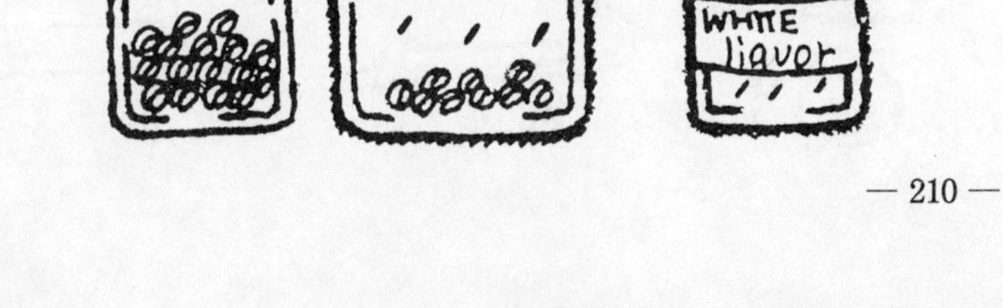

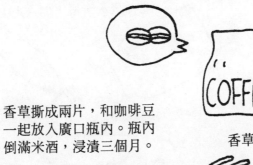

咖啡豆　一二〇公克
米酒　一公升
香草　一片
砂糖　一二〇公克

十世紀左右，回教徒拉里醫生，以咖啡豆製成藥水——是有關咖啡記載的最早史料。

十一世紀，阿拉伯人才開始喝咖啡。十三世紀時，把原本搗碎咖啡豆後再沸煮的製法，改變成將咖啡豆炒過後再煮的製法。咖啡也因而變成更香醇。

現在，我們來釀製罕有的咖啡利口酒吧。把咖啡豆裡的成分浸出，所釀成的利口酒，香味獨特。

過濾後加入砂糖，
完全溶解後裝入瓶
中。
砂糖
SUG
COFFEE
RIQUOR
六個月就能喝，
但最好的飲用時
機是一年以後。

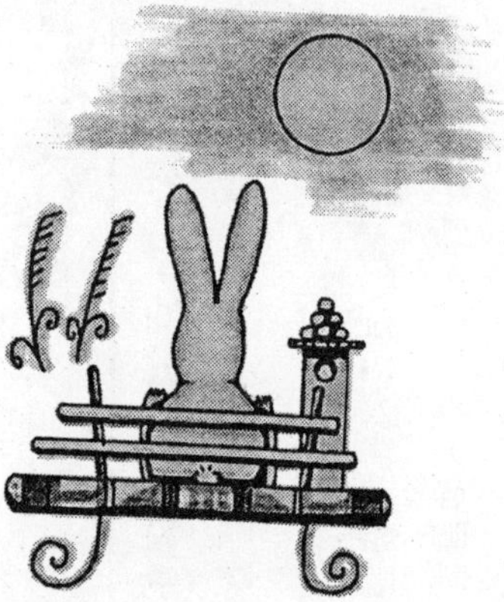

綠茶利口酒

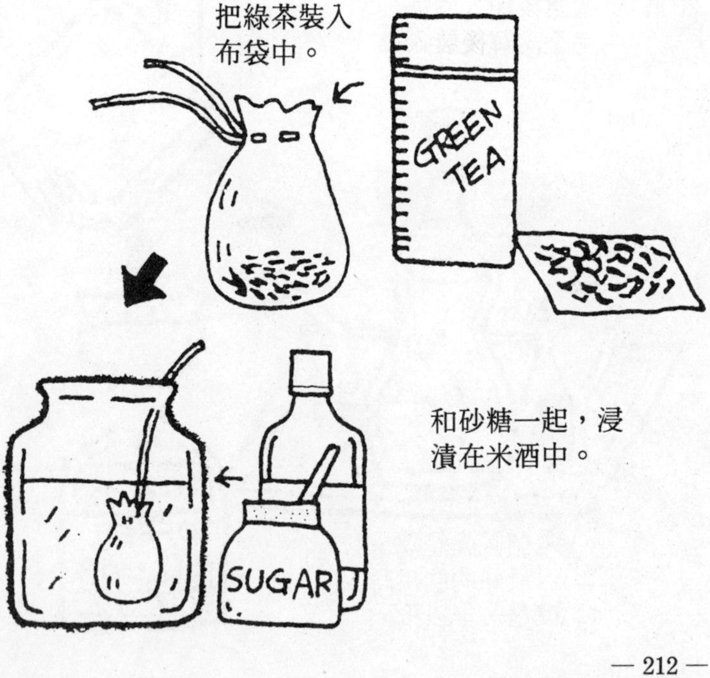
把綠茶裝入
布袋中。
GREEN
TEA
和砂糖一起，浸
漬在米酒中。
SUGAR

綠茶　五〇〇公克
米酒　一・八公升
砂糖　二五〇公克

綠茶中，以煎茶、玉露最適宜。

綠茶含有維他命C、咖啡因、麩胺酸等，在其相乘效果之下，對防止細胞老化、高血壓、糖尿病、防癌等，有很大的功效。因此，用綠茶釀成的利口酒，對健康很有益。

加蘇打喝，味道最棒。

有美麗顏色的綠茶利口酒，有清爽宜人的茶香。

製做蛋糕或冰淇淋，也可應用它。

一個月後，
取出布袋。
三個月後
就可喝。

紅茶利口酒

把紅茶放入壺中，倒入熱開水，
加蓋，放兩、三分鐘。

紅茶　七〇公克
米酒　一公升
砂糖　七〇〇公克
熱水　一壺
甘草　一片

紅茶的品質，是依形、香、風味、水色、茶渣，五個要素來判定。形——形狀大小略同，香——能快速逸出香味，風味——甜味、澀味均衡。水色——紅茶液體是清澈的紅色。茶渣——新鮮銅色。具備上述條件的，即為特級品。想釀出芳香佳味的紅茶利口酒，需選上質的紅茶。

用琥珀色的酒杯，加點檸檬片、冰塊來喝紅茶利口酒，實是一大享受。

用布過濾茶葉，倒入已加砂糖的米酒中，放置一個禮拜。
再用細網的紗布小心的過濾後，裝入瓶中。
五、六個月後就可飲用
Tea
WHITE
SUGAR
甘草

知識欄6

■酒依喝的方法而可被稱為「百藥之長」。英文中的「Good wine makes good blood」亦是相同意思。利口酒就是加入種種藥草而誕生的。

中世紀的歐洲僧院，為宗教上的需要，及醫療和健康的需要，而製造藥酒。現今，法國和比利時的修道院及尼姑院裡，都有釀造利口酒。

■市面上所發售的利口酒，都以非常精美、特殊的瓶子裝置。因為比起啤酒、威士忌，其消費量非常的少。為使消費者掏腰包買它，製造商在酒瓶的設計上，花下不少工夫，這也可說是他們的苦肉計吧。

■日本酒中有的有放金箔，利口酒中，也有加入金箔的，那是以柳丁皮為基礎的「南里格」酒。

■祭神用的酒是蜂蜜酒。

希臘羅馬時代，蜂蜜酒被視為「天上之酒」，專用於祭神之用。此種酒是在蜂蜜中，加入麥芽、酵母、香料、水而成的。大概神喜喝香甜的酒吧。

大展出版社有限公司
品冠文化出版社

圖書目錄

地址：台北市北投區(石牌)
致遠一路二段 12 巷 1 號
郵撥：01669551＜大展＞
19346241＜品冠＞

電話：(02) 28236031
28236033
28233123
傳真：(02) 28272069

・少年偵探・品冠編號 66

1. 怪盜二十面相	（精）	江戶川亂步著	特價	189 元
2. 少年偵探團	（精）	江戶川亂步著	特價	189 元
3. 妖怪博士	（精）	江戶川亂步著	特價	189 元
4. 大金塊	（精）	江戶川亂步著	特價	230 元
5. 青銅魔人	（精）	江戶川亂步著	特價	230 元
6. 地底魔術王	（精）	江戶川亂步著	特價	230 元
7. 透明怪人	（精）	江戶川亂步著	特價	230 元
8. 怪人四十面相	（精）	江戶川亂步著	特價	230 元
9. 宇宙怪人	（精）	江戶川亂步著	特價	230 元
10. 恐怖的鐵塔王國	（精）	江戶川亂步著	特價	230 元
11. 灰色巨人	（精）	江戶川亂步著	特價	230 元
12. 海底魔術師	（精）	江戶川亂步著	特價	230 元
13. 黃金豹	（精）	江戶川亂步著	特價	230 元
14. 魔法博士	（精）	江戶川亂步著	特價	230 元
15. 馬戲怪人	（精）	江戶川亂步著	特價	230 元
16. 魔人銅鑼	（精）	江戶川亂步著	特價	230 元
17. 魔法人偶	（精）	江戶川亂步著	特價	230 元
18. 奇面城的秘密	（精）	江戶川亂步著	特價	230 元
19. 夜光人	（精）	江戶川亂步著	特價	230 元
20. 塔上的魔術師	（精）	江戶川亂步著	特價	230 元
21. 鐵人Q	（精）	江戶川亂步著	特價	230 元
22. 假面恐怖王	（精）	江戶川亂步著	特價	230 元
23. 電人M	（精）	江戶川亂步著	特價	230 元
24. 二十面相的詛咒	（精）	江戶川亂步著	特價	230 元
25. 飛天二十面相	（精）	江戶川亂步著	特價	230 元
26. 黃金怪獸	（精）	江戶川亂步著	特價	230 元

・生活廣場・品冠編號 61

1. 366 天誕生星	李芳黛譯	280 元
2. 366 天誕生花與誕生石	李芳黛譯	280 元
3. 科學命相	淺野八郎著	220 元

4. 已知的他界科學　陳蒼杰譯　220 元
5. 開拓未來的他界科學　陳蒼杰譯　220 元
6. 世紀末變態心理犯罪檔案　沈永嘉譯　240 元
7. 366 天開運年鑑　林廷宇編著　230 元
8. 色彩學與你　野村順一著　230 元
9. 科學手相　淺野八郎著　230 元
10. 你也能成為戀愛高手　柯富陽編著　220 元
11. 血型與十二星座　許淑瑛編著　230 元
12. 動物測驗—人性現形　淺野八郎著　200 元
13. 愛情、幸福完全自測　淺野八郎著　200 元
14. 輕鬆攻佔女性　趙奕世編著　230 元
15. 解讀命運密碼　郭宗德著　200 元
16. 由客家了解亞洲　高木桂藏著　220 元

・女醫師系列・品冠編號 62

1. 子宮內膜症　國府田清子著　200 元
2. 子宮肌瘤　黑島淳子著　200 元
3. 上班女性的壓力症候群　池下育子著　200 元
4. 漏尿、尿失禁　中田真木著　200 元
5. 高齡生產　大鷹美子著　200 元
6. 子宮癌　上坊敏子著　200 元
7. 避孕　早乙女智子著　200 元
8. 不孕症　中村春根著　200 元
9. 生理痛與生理不順　堀口雅子著　200 元
10. 更年期　野末悅子著　200 元

・傳統民俗療法・品冠編號 63

1. 神奇刀療法　潘文雄著　200 元
2. 神奇拍打療法　安在峰著　200 元
3. 神奇拔罐療法　安在峰著　200 元
4. 神奇艾灸療法　安在峰著　200 元
5. 神奇貼敷療法　安在峰著　200 元
6. 神奇薰洗療法　安在峰著　200 元
7. 神奇耳穴療法　安在峰著　200 元
8. 神奇指針療法　安在峰著　200 元
9. 神奇藥酒療法　安在峰著　200 元
10. 神奇藥茶療法　安在峰著　200 元
11. 神奇推拿療法　張貴荷著　200 元
12. 神奇止痛療法　漆 浩 著　200 元

・常見病藥膳調養叢書・品冠編號 631

1.	脂肪肝四季飲食	蕭守貴著	200 元
2.	高血壓四季飲食	秦玖剛著	200 元
3.	慢性腎炎四季飲食	魏從強著	200 元
4.	高脂血症四季飲食	薛輝著	200 元
5.	慢性胃炎四季飲食	馬秉祥著	200 元
6.	糖尿病四季飲食	王耀獻著	200 元
7.	癌症四季飲食	李忠著	200 元

・彩色圖解保健・品冠編號 64

1.	瘦身	主婦之友社	300 元
2.	腰痛	主婦之友社	300 元
3.	肩膀痠痛	主婦之友社	300 元
4.	腰、膝、腳的疼痛	主婦之友社	300 元
5.	壓力、精神疲勞	主婦之友社	300 元
6.	眼睛疲勞、視力減退	主婦之友社	300 元

・心 想 事 成・品冠編號 65

1.	魔法愛情點心	結城莫拉著	120 元
2.	可愛手工飾品	結城莫拉著	120 元
3.	可愛打扮 & 髮型	結城莫拉著	120 元
4.	撲克牌算命	結城莫拉著	120 元

・熱 門 新 知・品冠編號 67

1.	圖解基因與 DNA	（精）	中原英臣 主編	230 元
2.	圖解人體的神奇	（精）	米山公啟 主編	230 元
3.	圖解腦與心的構造	（精）	永田和哉 主編	230 元
4.	圖解科學的神奇	（精）	鳥海光弘 主編	230 元
5.	圖解數學的神奇	（精）	柳 谷 晃 著	250 元
6.	圖解基因操作	（精）	海老原充 主編	230 元
7.	圖解後基因組	（精）	才園哲人 著	

・法律專欄連載・大展編號 58

台大法學院 法律學系／策劃
法律服務社／編著

1.	別讓您的權利睡著了(1)	200 元
2.	別讓您的權利睡著了(2)	200 元

・武 術 特 輯・大展編號 10

1.	陳式太極拳入門	馮志強編著	180 元

46. <珍貴本>陳式太極拳精選	馮志強著	280 元
47. 武當趙保太極拳小架	鄭悟清傳授	250 元
48. 太極拳習練知識問答	邱丕相主編	220 元
49. 八法拳 八法槍	武世俊著	220 元

・彩色圖解太極武術・大展編號 102

1. 太極功夫扇	李德印編著	220 元
2. 武當太極劍	李德印編著	220 元
3. 楊式太極劍	李德印編著	220 元
4. 楊式太極刀	王志遠著	220 元

・名師出高徒・大展編號 111

1. 武術基本功與基本動作	劉玉萍編著	200 元
2. 長拳入門與精進	吳彬 等著	220 元
3. 劍術刀術入門與精進	楊柏龍等著	220 元
4. 棍術、槍術入門與精進	邱丕相編著	220 元
5. 南拳入門與精進	朱瑞琪編著	220 元
6. 散手入門與精進	張 山等著	220 元
7. 太極拳入門與精進	李德印編著	280 元
8. 太極推手入門與精進	田金龍編著	220 元

・實用武術技擊・大展編號 112

1. 實用自衛拳法	溫佐惠 著	250 元
2. 搏擊術精選	陳清山等著	220 元
3. 秘傳防身絕技	程崑彬 著	230 元
4. 振藩截拳道入門	陳琦平 著	220 元
5. 實用擒拿法	韓建中 著	220 元
6. 擒拿反擒拿 88 法	韓建中 著	250 元
7. 武當秘門技擊術入門篇	高 翔 著	250 元
8. 武當秘門技擊術絕技篇	高 翔 著	250 元

・中國武術規定套路・大展編號 113

1. 螳螂拳	中國武術系列	300 元
2. 劈掛拳	規定套路編寫組	300 元
3. 八極拳	國家體育總局	250 元

・中華傳統武術・大展編號 114

1. 中華古今兵械圖考	裴錫榮 主編	280 元
2. 武當劍	陳湘陵 編著	200 元

3.	梁派八卦掌（老八掌）	李子鳴 遺著	220元
4.	少林72藝與武當36功	裴錫榮 主編	230元
5.	三十六把擒拿	佐藤金兵衛 主編	200元
6.	武當太極拳與盤手20法	裴錫榮 主編	220元

・少林功夫・大展編號115

1.	少林打擂秘訣	德虔、素法 編著	300元
2.	少林三大名拳 炮拳、大洪拳、六合拳	門惠豐 等著	200元
3.	少林三絕 氣功、點穴、擒拿	德虔 編著	300元
4.	少林怪兵器秘傳	素法 等著	250元
5.	少林護身暗器秘傳	素法 等著	220元
6.	少林金剛硬氣功	楊維 編著	250元
7.	少林棍法大全	德虔、素法 編著	

・原地太極拳系列・大展編號11

1.	原地綜合太極拳24式	胡啟賢創編	220元
2.	原地活步太極拳42式	胡啟賢創編	200元
3.	原地簡化太極拳24式	胡啟賢創編	200元
4.	原地太極拳12式	胡啟賢創編	200元
5.	原地青少年太極拳22式	胡啟賢創編	200元

・道學文化・大展編號12

1.	道在養生：道教長壽術	郝勤 等著	250元
2.	龍虎丹道：道教內丹術	郝勤 著	300元
3.	天上人間：道教神仙譜系	黃德海著	250元
4.	步罡踏斗：道教祭禮儀典	張澤洪著	250元
5.	道醫窺秘：道教醫學康復術	王慶餘等著	250元
6.	勸善成仙：道教生命倫理	李 剛著	250元
7.	洞天福地：道教宮觀勝境	沙銘壽著	250元
8.	青詞碧簫：道教文學藝術	楊光文等著	250元
9.	沈博絕麗：道教格言精粹	朱耕發等著	250元

・易學智慧・大展編號122

1.	易學與管理	余敦康主編	250元
2.	易學與養生	劉長林等著	300元
3.	易學與美學	劉綱紀等著	300元
4.	易學與科技	董光壁著	280元
5.	易學與建築	韓增祿著	280元
6.	易學源流	鄭萬耕著	280元
7.	易學的思維	傅雲龍等著	250元

8. 周易與易圖　李　申著　250元
9. 中國佛教與周易　王仲堯著　元

・神 算 大 師・大展編號123

1. 劉伯溫神算兵法　應　涵編著　280元
2. 姜太公神算兵法　應　涵編著　280元
3. 鬼谷子神算兵法　應　涵編著　280元
4. 諸葛亮神算兵法　應　涵編著　280元

・秘傳占卜系列・大展編號14

1. 手相術　淺野八郎著　180元
2. 人相術　淺野八郎著　180元
3. 西洋占星術　淺野八郎著　180元
4. 中國神奇占卜　淺野八郎著　150元
5. 夢判斷　淺野八郎著　150元
6. 前世、來世占卜　淺野八郎著　150元
7. 法國式血型學　淺野八郎著　150元
8. 靈感、符咒學　淺野八郎著　150元
9. 紙牌占卜術　淺野八郎著　150元
10. ESP超能力占卜　淺野八郎著　150元
11. 猶太數的秘術　淺野八郎著　150元
12. 新心理測驗　淺野八郎著　160元
13. 塔羅牌預言秘法　淺野八郎著　200元

・趣味心理講座・大展編號15

1. 性格測驗（1）探索男與女　淺野八郎著　140元
2. 性格測驗（2）透視人心奧秘　淺野八郎著　140元
3. 性格測驗（3）發現陌生的自己　淺野八郎著　140元
4. 性格測驗（4）發現你的真面目　淺野八郎著　140元
5. 性格測驗（5）讓你們吃驚　淺野八郎著　140元
6. 性格測驗（6）洞穿心理盲點　淺野八郎著　140元
7. 性格測驗（7）探索對方心理　淺野八郎著　140元
8. 性格測驗（8）由吃認識自己　淺野八郎著　160元
9. 性格測驗（9）戀愛知多少　淺野八郎著　160元
10. 性格測驗（10）由裝扮瞭解人心　淺野八郎著　160元
11. 性格測驗（11）敲開內心玄機　淺野八郎著　140元
12. 性格測驗（12）透視你的未來　淺野八郎著　160元
13. 血型與你的一生　淺野八郎著　160元
14. 趣味推理遊戲　淺野八郎著　160元
15. 行為語言解析　淺野八郎著　160元

國家圖書館出版品預行編目資料

酒自己動手釀/ 柯素娥 編著.
－初版－臺北市：大展 ，1994【民 83】
面 ； 21 公分 －（家庭/生活；85）
ISBN 957-557-429-X（平裝）
1. 酒－製造

463.81　　83001144

酒自己動手釀

ISBN 957-557-429-X

編著者／柯 素 娥
發行人／蔡 森 明
出版者／大展出版社有限公司
社　址／台北市北投區（石牌）致遠一路 2 段 12 巷 1 號
電　話／（02）28236031・28236033・28233123
傳　真／（02）28272069
郵政劃撥／01669551
網　址／www.dah-jaan.com.tw
E－mail／dah_jaan@pchome.com.tw
登記證／局版臺業字第 2171 號
承印者／高星印刷品行
裝　訂／協億印製廠股份有限公司
排版者／千兵企業有限公司
初版 1 刷／1994 年（民 83 年） 3 月
修訂 1 刷／2002 年（民 91 年） 2 月
修訂 2 刷／2003 年（民 92 年） 7 月

定價／180 元